# 点燃健康成长的火种

谷 旭 编

吉林人民出版社

图书在版编目（CIP）数据

点燃健康成长的火种/谷旭编. —— 长春：吉林人民出版社，2010.10（2021.3重印）

（青少年探索文库）

ISBN 978-7-206-07058-7

Ⅰ.①点… Ⅱ.①谷… Ⅲ.①个人—修养—青少年读物 Ⅳ.①B825-49

中国版本图书馆CIP数据核字(2010)第192093号

## 点燃健康成长的火种

编　　者：谷　旭
责任编辑：赵梁爽
吉林人民出版社出版（长春市人民大街7548号　邮政编码:130022）
印　　刷：三河市燕春印务有限公司
开　　本：700mm×970mm　1/16
印　　张：13　　　　字　数：110千字
标准书号：ISBN 978-7-206-07058-7
版　　次：2010年10月第1版　　印　次：2021年3月第2次印刷
定　　价：39.00元

如发现印装质量问题，影响阅读，请与印刷厂联系调换。

| | | |
|---|---|---|
| 内涵 | （苏联）邦达列夫 / | 001 |
| 与书为友 | （英国）斯迈尔斯 / | 003 |
| 书的存在 | （比利时）乔治·布莱 / | 006 |
| 书房 | （法国）蒙田 / | 009 |
| 阅读方式 | （法国）安德烈·莫洛亚 / | 012 |
| 为乐趣而阅读 | （英国）毛姆 / | 014 |
| 有限的知识 | （意大利）伽利略 / | 016 |
| 认识能力 | （德国）康德 / | 018 |
| 驱逐无知 | （英国）弥尔顿 / | 021 |
| 面对孩子们 | （法国）卢梭 / | 024 |
| 知识的来处 | （美国）艾尔文·潘诺夫斯基 / | 026 |
| 高等教育 | （英国）罗素 / | 028 |

| | | |
|---|---|---|
| 一个任务 | （挪威）易卜生 | 031 |
| 青年的成长 | （英国）罗素 | 034 |
| 科学之于民众 | （美国）卡尔·萨根 | 037 |
| 发现花未眠 | （日本）川端康成 | 040 |
| 风景的情调 | （德国）齐美尔 | 042 |
| 在山口 | （德国）黑塞 | 044 |
| 画技之外 | （意大利）达·芬奇 | 047 |
| 音乐的属性 | （英国）伍尔芙 | 049 |
| 均衡的节奏 | （古罗马）奥古斯丁 | 051 |
| 舞蹈 | （美国）苏珊·朗格 | 053 |
| 永恒的诗 | （英国）劳伦斯 | 055 |
| 诗才的特征 | （英国）柯勒律治 | 058 |
| 作诗 | （罗马尼亚）尼基诺·斯特内斯库 | 060 |
| 创造性天才 | （英国）艾迪生 | 063 |
| 写给学者 | （美国）爱默生 | 065 |
| 在东方 | （英国）赫伯特·里德 | 067 |
| 艺术工作 | （法国）安德烈·莫洛亚 | 069 |
| 三点要求 | （意大利）托马斯·阿奎那 | 072 |
| 审美训练 | （英国）休谟 | 074 |
| 愉悦 | （德国）威廉·狄尔泰 | 077 |
| 艺术价值 | （英国）毛姆 | 079 |
| 孩子 | （丹麦）克尔凯郭尔 | 081 |

# 目录

| | | |
|---|---|---|
| 童年 | （印度）泰戈尔 | / 083 |
| 让爱美的天性常在 | （美国）雷切尔·卡森 | / 086 |
| 哲学的萌芽 | （德国）卡尔·雅斯贝尔斯 | / 088 |
| 青春 | （英国）赫兹里特 | / 091 |
| 老之将至 | （英国）罗素 | / 094 |
| 白首之心 | （英国）乔治·吉辛 | / 096 |
| 两条路 | （德国）让·保尔 | / 099 |
| 固定的震慑 | （英国）劳伦斯 | / 102 |
| 他人之死 | （奥地利）弗洛伊德 | / 105 |
| 待己则诚 | （印度）克利希那穆尔提 | / 108 |
| 判断力 | （法国）蒙田 | / 111 |
| 梦 | （英国）考德威尔 | / 114 |
| 内在动机 | （美国）理查德·泰勒 | / 116 |
| 责任的失落 | （美国）爱因·兰德 | / 119 |
| 德行的嫁妆 | （英国）休谟 | / 122 |
| 见素抱朴 | （印度）克利希那穆尔提 | / 125 |
| 日日更新 | （法国）史怀泽 | / 127 |
| 道德进击者 | （苏联）苏霍姆林斯基 | / 130 |
| 人间美德 | （法国）伏尔泰 | / 133 |
| 道德责任 | （美国）爱国·兰德 | / 136 |
| 正当与否 | （美国）弗兰克纳 | / 138 |
| 哲学家的歧途 | （英国）休谟 | / 141 |

| | | |
|---|---|---|
| 自然秩序 | （印度）克利希穆尔提 / | 144 |
| 童年 | （德国）叔本华 / | 146 |
| 少年时 | （英国）罗素 / | 148 |
| 不朽感 | （英国）赫兹里特 / | 151 |
| 生命的阴影 | （法国）安德烈·莫洛亚 / | 154 |
| 钟面 | （捷克）米兰·昆德拉 / | 157 |
| 逝者如斯 | （塞尔维亚）伍里采维奇 / | 159 |
| 人的信念 | （苏联）邦达列夫 / | 162 |
| 生之意义 | （英国）毛姆 / | 165 |
| 生之不同 | （丹麦）勃兰克斯 / | 168 |
| 门的含意 | （美国）克·莫利 / | 171 |
| 注定的局限 | （法国）霍尔巴赫 / | 174 |
| 生之痛 | （法国）加缪 / | 177 |
| 生命之战 | （美国）亨利·梭罗 / | 180 |
| 无常的存在 | （印度）室利·阿罗宾诺 / | 183 |
| 存在与虚无 | （美国）理查德·泰勒 / | 186 |
| 安宁 | （英国）劳伦斯 / | 189 |
| 灵魂的归宿 | （德国）齐美尔 / | 192 |
| 新生命 | （俄国）列夫·托尔斯泰 / | 194 |
| 天道自然 | （德国）歌德 / | 197 |
| 生命概念 | （法国）史怀泽 / | 199 |

# 内　涵

◎ （苏联）邦达列夫

书——这是所有时代、所有民族精神财富的遗嘱执行人，是完美的保存者，这是从人类的童年发给我们的不熄的光源，这是信号和预告，是痛苦和磨难，是笑声和欢乐，乐观和希望，这是意识的最高成就——精神力量高于物质力量的象征。

书——这是对思想发展和哲学流派的认识，是对社会民族历史条件的认识。在各个阶段，这些条件使人们产生了对善、智、教育，和在自由、平等的社会关系的公正旗帜下革命斗争的信心。

以概念范畴进行思维，并创造物质、体系和公式的科学能解释、发现和征服许多事物，但按其实质来说，它终究不能研究一样东西——人的感情，不能创造人的形象，而这正是应运而生的文学所做的事情。

## 点燃健康成长的火种

科学和艺术,它们是很接近的,它们将要认识及接近的范围就是这个世界里人的潜力。但同时,它们的认识工具不同,要把荷马的《奥德赛》、俄国的"奥德赛"列夫·托尔斯泰的《战争与和平》,或者我们时代的"奥德赛"米哈依尔·肖洛霍夫的《静静的顿河》,阿历克赛·托尔斯泰的《苦难的历程》等包括在一个公式里,就像在发现某个宇宙规律以后科学所能做到的那样,完全是不可思议的。

艺术——这是人类的感受,相互矛盾的情感、愿望,精神的升华和堕落,自我牺牲和勇敢精神,失败和胜利的历史大百科全书。一个人阅读一本书,就是仔细观察第二生活,就像在镜子深处寻找着自己,寻找着自己思想的答案,不由自主地将别人的命运、别人的勇敢精神与自己的性格特点相比较,感到遗憾、怀疑、懊恼,他会笑、会哭,会同情和参与,——这样书的影响就发挥了作用。所有这些,按照托尔斯泰的说法就是"感情的传染"。

几乎在每个人的命运中,印刷后的话语都起了无与伦比的作用,最值得遗憾的人就是不曾醉心于一本严肃书籍的人,——他抛弃了第二现实和第二经验,因而缩短了自己生命的时日。

※智慧隽语※

一个人阅读一本书,就是仔细观察第二生活,就像在镜子深处寻找着自己,寻找着自己思想的答案。

# 与书为友

◎ （英国）斯迈尔斯

想了解一个人，你可以看他读什么样的书，正如看他交什么样的朋友。与书为友如同与人为友，都应找最佳最善的为伴。好书可引为诤友，一如既往，永无改变，两心相伴，其乐陶陶。当我们身陷困境或危险之中，好书决不会幡然变脸。好书与我们亲善相处，年轻时让我们从它那儿汲取乐趣与教诲，到鬓发染霜，则带给我们亲抚和安慰。

同好一书之人，往往可以发现彼此间习性也相近，恰如二人同好一友，彼此间也可引以为友。中国有个成语："爱屋及乌"，"若引申为"爱人及书"，更不失为一智语。人们的交往若以书为纽带，情谊将更为真挚高尚。对同一作家的钟爱，使人们的所思所感，欣赏与同情，都能交相融会。作家与读者，读者与作家，也能相知相通。英国文艺评论家赫兹利特说：

"书籍深入人心,诗随血液循环。少小所读,至老犹记。书中别人的事,能使我们如同身临其境。无论何地,好书无须倾囊而购,就能得到。而我们的呼吸也会因之充满了书香之气。"

一本好书常可视为生命的最佳归宿,作者一生所思所想的精华尽在其中。对大多数学人而言,他的一生是思想的一生,因此好书是金玉良言与思想光华的总成,令人感铭于心,爱不忍释,最终成为我们相随的伴侣与慰藉。菲利浦·西德尼爵士说:"与高尚思想相伴者永不孤独。"当诱惑袭来,高尚纯美的思想就会像仁慈的天使,翩然降临,一扫杂念,守护心灵。高尚行为的愿望也随之产生。良言善语常激发出畅举嘉行。

书籍具有不朽的本质,在人类所有的奋斗中,唯有书籍最能经受岁月的磨蚀。庙宇与雕像在风雨中颓毁坍塌了,而经典之籍却与世长存。伟大的思想能挣脱时光的束缚,即使是千百年前的真知灼见,时至今日仍新颖如故,熠熠生辉。只要翻动书页,伟人的话就会历历在目,犹如亲闻。时间淘汰了粗劣制品,就文学而言,只有经典明言才能传世。

书籍将我们引入一个高尚的社会,在那里,历代圣人贤士群聚,仿佛与我们同处一堂,让我们亲聆教诲,亲见所行,心心相印,欢悦与共,悲哀同历。我们仿佛嗅到他们的气息,成为与他们同时登台的演员,在他们描绘的场景中生活、呼吸。凡真知灼见决不会消逝于当世,书籍记载的精华远播天下,至今为有识之士侧耳聆听。古时先贤的影响,仍融入我们生活的

氛围，我们仍能时时感受到逝去已久的人杰们一如当年，活力永存。

※智慧隽语※

　　书籍具有不朽的本质，在人类所有的奋斗中，唯有书籍最能经受岁月的磨蚀。

# 书 的 存 在

（比利时）乔治·布莱

你去买一只花瓶，放在家里，放在桌子或壁炉上，过一段时间，它就被看熟了。它将成为家里的一位成员。然而它仍然是一只花瓶。相反，请拿起一本书，你会看到它自告奋勇，自己打开自己。依我看，书的这种开放性是一件不寻常的、重要的事情。书绝不自我封闭于它的轮廓之内，它并不是居住在一座堡垒之内。它自身存在，但它更要求存在于自身之外，或者要求你也存在于它的身上。简言之，不同寻常的是，在你与它之间，壁垒倒塌了。

这就是《伊吉图》中那座空屋子里的景象。有一个人进去了，拿起桌子上那本打开的书，开始阅读。随之而来的是墙的消失、物对精神的吸收以及物所显示的奇特的可渗透性。我说过，这和一个人买一只鸟、一条狗、一只猫是一码事，人们看

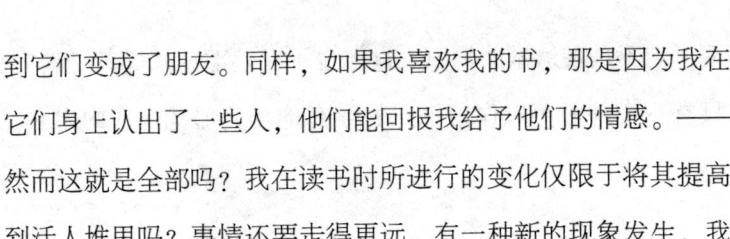

到它们变成了朋友。同样，如果我喜欢我的书，那是因为我在它们身上认出了一些人，他们能回报我给予他们的情感。——然而这就是全部吗？我在读书时所进行的变化仅限于将其提高到活人堆里吗？事情还要走得更远。有一种新的现象发生，我感到很难加以界定。

为此，我必须回到刚才谈的那种境况。一本书在那儿，在一间空屋子里等待着。这时一个人进来了，比方说是我，我翻翻书，开始阅读。就在此时，在眼前这本打开的书之外，我看见大量的语词、形象和观念。我的思想将它们抓住。我意识到我抓在手里的不再是一个简单的物品，甚至不是一个单纯地活着的人，而是一个有理智有意识的人：他的意识与存在于我们遇见的一切人中的那种意识并无区别。但是，在这特别的情况下，他的意识对我是开放的，并使我能将目光直射入他的内部，甚至使我（这真是闻所未闻的特权）能够想他之所想，感他之所感。

我说过，这是一件闻所未闻的事。所谓闻所未闻，首先是我称为物的那种东西的消逝。我拿在手中的书到哪儿去了？它还在那儿，然而同时它又不在了，哪儿也不在了。这个全然为物的物，这个纸做的物，正如有些物是金属的或瓷的一样，这个物不在了，或者至少它现在不在了，只要我在读书。因为书已经不再是一个物质的现实了。它变成了一连串的符号，这些符号开始为它们自己而存在。这种新的存在是在哪儿产生的？

芽肯定不是在纸做的物中。肯定也不在外部空间的某个地方。只有一个地方可以作为符号的存在地点,那就是我的内心深处。

※智慧隽语※

就在此时,在眼前这本打开的书之外,我看见大量的语词、形象和观念。

# 书　房

◎（法国）蒙田

　　我的书房设在塔楼的三层。底层是我的小礼拜堂。第二层设置一个房间，旁边是附属的居室。为了安静，我经常在那里歇息。卧室之上有一个藏衣室，现在已改做书房，从前那是家里最无用的地方。现在我一生的大部分日子，我一天的大部分时光都在那里消磨。晚上我是从来不到那里去的。附于书房之侧的是一个工作室，相当舒适，冬天可以生火。窗户开得挺别致。要不是我担心破费（这种担心使我什么事都做不了），那儿不难建一条长100步、宽12步的与书房相平的长廊，将各处连结起来，因为全部围墙已经存在，原先是为其他用途而筑的，高度正符合我的要求。隐居之处应该有散步场所，如果我坐下来，我的思路就不会畅通。双腿走动，我的脑子才活跃。凡是不凭书本研究问题的人都是这样的。书房呈圆形，只有我的桌子和座位处呈扁平面。全部书籍，分五格存放，居高临下地展现在我的面前，在四周围了一圈。书房开有三扇窗户，窗外一望无际，景色绚丽多彩，书房内有一定的空间，直径为16步。冬天我去书房不如平时勤，因为我的房子建在山丘上，就像我的名字所指的那样，没有别的房子比它更招风了。我倒喜欢它位置偏僻，不好靠近，无论就做事效果或摆脱他人的骚扰来说都有好处。

书房就是我的王国。我试图实行绝对的统治，使这个小天地不受夫妻、父子、亲友之间来往的影响。在别处，我的权威只停留在口头上，实际并不可靠。有一种人，即使在自己家里，也身不由己，没有可安排自己的地方，甚至无处躲藏。我认为这种人是很可怜的。好大喜功的人，像广场上的雕像一样，无时不爱抛头露面。"位高则身不由己"，他们连个僻静的去处也没有。某些修道院规定永远群居，而且做什么事情众人都得在场。我认为，修士们所过的严格生活，最难熬的要算这一点了。我觉得经常离群索居总比无法孤独自处要好受一点。如果有谁对我说，单纯为了游乐、消遣而去写诗取乐，那是对诗神的大大不敬，说这话的人准不像我那样了解娱乐、游戏和消遣的价值。我禁不住要说，别的一切目的都是可笑的。我过着闲适的日子，也可以说，我不过是在为自己而活着，我的目的仅限于此。少年时候，我学习是为了自我炫耀，后来年岁渐长，是为了追求知识。现在则是为了自娱,而从来不曾抱过谋利的目的。

※智慧隽语※

书房就是我的王国。我试图实行绝对的统治,使这个小天地不受夫妻、父子、亲友之间来往的影响。

# 阅读方式

◎ （法国）安德烈·莫洛亚

坏书对于沉溺性的读者来说，无异于鸦片，使他们深陷于虚幻的境地，逃离了现实世界。这类人对什么书都爱不释手，即便偶尔翻开一本百科全书，谈起水彩画技法的词条也跟读有关火力机械的词条一样有强烈的兴趣。他们独自在房中，径直奔向堆满报纸杂志的桌子，埋头于干巴巴的铅字之间，却从不冷静地想一想，动动脑筋。他们并不注重书中的思想内容和主题，只是一味地读下去，看不出字里行间的现实世界和思想实质。他们绝少从书中获益，对丰富的信息资料，也分不出其价值的高低。他们读书完全是被动的，虽是在看，其实并不理解，不动脑子，更谈不上吸收。

相比之下，娱乐性的阅读还较为积极。爱读小说的人，在书中寻求美的感受、情感的复苏和迸发以及人间难遇的传奇，对他们来说,读书是一种乐趣。伦理学家和诗人喜欢在书本上重新找出自己过去的观察和感受,对他们而言,读书也是一种乐趣。最后一种以读书为乐的人,虽是没去研究某一确定的历史阶段,却也能认识到历史进程中,人类的共同苦难,这种娱乐性的阅读是有益的。

最后是工作性阅读。当某项工程设计在头脑中已有一条主线,需要加以完善和补充的时候,人们就到书中找寻所需的某些特定知识和材料。这种工作性阅读,倒不需要惊人的记忆,手里有枝铅笔或钢笔就可以了。每本书读过之后,当再想回味一下思想主题的时候,也没必要把整本书重读一遍。请允许我以我个人为例。当我读一本历史书或者其他类似的严肃书籍时,我总要在扉页上记一些概括思想主题的词句,并在后面标好页码。这样,在需要时,我不必重读全书,就可以直接找到想找的地方。读书,同所有其他工作一样,也有规律可循。首先,最好是熟知一部分作家及作品。而对大部分作家,只做一般性了解。初读一部作品,常常领略不到其精华所在。年轻时,泛舟书海,如同步入尘世一样,应去寻朋觅友。当发现知音,选择、确定之后,就要携手并进。一生中能与蒙田、圣西门、雷斯、巴尔扎克以及普鲁斯特交上朋友,那就很充实了。

**※智慧隽语※**

初读一部作品,常常领略不到其精华所在。年轻时,泛舟书海,如同步入尘世一样,应去朋觅友。

# 为乐趣而阅读

◎ （英国）毛姆

我所谓的"他"是指那些除了工作以外仍有闲暇的成年人。而且，他们愿意读那些如果没读将是一种损失的好书。我所谓的成年人，并不包括"书虫"在内，"书虫"们会自己寻路，好奇心将引导他们踏上人迹罕至的小径。重新发现已被遗忘的好书，会带给他们莫大的愉快。我想谈的都是真正的杰作，这些书长久以来就被一致公认为了不起的作品。

我们大家都被假定为早已读过它们，可悲的是，其实只有很少人真正读过。但也有一些杰作，所有最好的批评家都已予以定评，它们在文学史上也已有了不朽的地位，可是，除了专业人士仍将它们视为经典之作外，今天的大多数人已无法再以享受的心情阅读这些书。时光流逝，鉴赏习惯不同，在人们眼中它们不再有原有的馥郁，除非有极坚强的意志力，它们实在难以下咽。举例来说：我曾读过乔治·伊利奥特的《亚当·贝德》，但我无法从心底说：我是怀着快乐的心情阅读的，读它多半是出于一种责任感，读完时忍不住发出一声舒畅的长叹。

对于这一类书，我无话可说。每个人都是他自己最好的批评者。不论学者们对一本书的评价如何，纵然他们众口一致地加以称赞，如果它不能真正引起你的兴趣，对你而言，仍然毫无作用。别忘了批评家也会犯错，批评史上的许多大错误往往出自著名批评家之手。你正在阅读的书，对于你的意义，只有你自己才是最好的裁判。这道理同样适用于专家推荐给你的书。每个人的看法都不会与别人完全相同，最多只是某种程度的相似而已。

如果认为对我具有重大意义的书，也该丝毫不差的对你具有同样的意义，那真毫无道理。虽然，阅读这些书使我更觉富足，没有读过这些书，我一定不会成为今天的我，但我仍然请求你：如果你读了之后，觉得它们不合胃口，那么，请就此搁下，除非你能真正享受它们，否则毫无用处。没有人必须尽义务地去读诗、小说或其他可归入纯文学类的各种作品。你只该为乐趣而读，试问谁能要求那使某人快乐的事物一定也要使别人觉得快乐呢？

※智慧隽语※

如果你读了之后，觉得它们不合胃口，那么，请就此搁下，除非你能真正享受它们，否则毫无用处．

# 有限的知识

（意大利）伽利略

他兴致勃勃地走进一家酒店，以为能看到某人在用弓轻轻触动小提琴的弦，但看见的却是有个人正用指尖敲着一只杯子的杯口，使它发出清脆的响声。可当他后来观察到，黄蜂、蚊子与苍蝇不是像鸟雀那样，靠气息发出断续的啼叫声，而是靠翅膀的快速振动，发出一种不间断的嗡嗡声时，与其说他的好奇心越发强烈了，毋宁说他在如何产生声音的学问方面变得蒙昧了，因为他的全部阅历都不足以使他理解或相信：蟋蟀尽管不会飞，却能用振翅而非气息发出那样和谐且响亮的声音。

此后，当他以为除了上述发声方式之外，几乎已不可能另有他法时，他又知道了各式各样的风琴、喇叭、笛子和弦乐器，种类繁多，直到那种含在嘴里、以口腔为共鸣体、以气息为声音媒介物的奇特方式而吹奏的铁簧片。这时他以为自己无

## 有限的知识

所不晓了,可等到他捉到一只蝉后,却又陷入了前所未有的无知和愕然之中:无论堵住蝉口还是按住蝉翅,他都无法减弱蝉那极其尖锐的鸣叫声,也不见蝉颤动躯壳或其他什么部位。他将蝉翻转过来,看见它的胸部下方有几片硬而薄的软骨,以为响声发自软骨的振动,就将它折断,以止住蝉鸣。但是一切终归徒然。直到他用针刺透了蝉壳,也没有让蝉及其声音窒息。最后,他依然未能断定,那鸣声是否发自软骨。从此,他感到自己的知识太贫乏了,问他声音是如何产生的,他坦率地说知道某些方法,但他笃信还会有上百种人所不知的、难以想像的方法。

我还可以试举另外许多例子,来阐释大自然在生成事物时的丰富性,那些方式在感觉与经验尚未向我们启示之前,是我们无法设想的,经验有时仍不足以弥补我们的无能。

因此,倘若我不能准确地断定彗星的成因,那么我是应当受到宽宥的,况且我从未声言能够做到这一点,因为我懂得它会以某种不同于任何我们臆想的方式形成。对于被握在我们手心的蝉,我们都难以弄明白它的鸣声来自何处,因而对于处在遥远天际的彗星,不了解其成因何在,更应予以谅解了。

**※智慧隽语※**

问他声音是如何产生的,他坦率地说知道某些方法,但他笃信还会有上百种人所不知的、

# 认识能力

◙ （德国）康德

认识能力的缺陷表现为心灵软弱，或者是心灵病态。就认识能力而言，灵魂的疾病主要可以概括为两类，一是忧郁症（疑病），一是精神失常（躁狂症）。前一种病人似乎意识到，他的思想活动进行得不正常是因为他的理性不具有足够的力量来控制自己的情绪，去终止或推动它。在他心里一会儿是高兴，一会儿是忧伤，脾气的变幻不得不忍受的天气一样。后一种疾病是思想的一种任意活动，它有自己的（主观的）规则，但这个规则却与那些和经验法则相符合的（客观的）规则背道而驰。

头脑简单的人、不聪明的人、笨伯、愚妄之徒、傻瓜和呆子，他们不仅在程度上，而且在心灵紊乱的本质上也与精神失常的人不同，他们还不至于因为自己的缺陷进入

疯人院。在疯人院里，一个人即使在年龄上已达到成熟和强壮，却在最起码的生活事务上不得不靠外来的理性来料理。带有激情的癫狂是狂气，它往往能够自发地、不由自主地迸发出来，而且是在诗兴结合着天才时才产生。这样一种一方面敏捷另方面却毫无规则的意象之流的汹涌，当它与理性汇合时就被称为迷狂。在同一个不可能实现的意向上愁肠百结，例如在丧失爱人时，从痛苦中寻求安慰，这是抑郁狂。迷信类似于癫狂，而迷狂则类似于狂想症。后面这种精神病态尽管叫做性格乖僻，往往也被（说得温和些）称为过度兴奋。

　　就像他发烧时的胡言乱语，或者是，有时候仅仅是由于凝视一个发狂的人，而由强烈的想像力的交感所触发起来的那种癫痫病的狂暴发作（因此必须不让那些神经过敏的人把他们的好奇心延伸到这种患者的禁闭室），这些都只是暂时的，还不能被看作是精神错乱。但人们称之为性情乖张（并非心灵病态，因为通常把这理解为内部感官的抑郁乖戾）的，多半是人的一种近乎癫狂的高傲自大，这种人无理要求别人在把自己和他相比较时应该感到自卑，而结果恰好与他本来的意图相违背，因为刺激他产生这种意图的是他的自命不凡，这意图在一切可能形式下受到破坏，遭到压制，而他的冒犯人的愚蠢只不过招来嘲笑。较轻微一些的是这样来表达一个人自己所独有的某种怪念头：一种本应是人所共知的道理却在任何聪明人那里得不到赏识。

※智慧隽语※

　　这种人无理要求别人在把自己和他相比较时应该感到自卑，而结果恰好与他本来的意图相违背。

# 驱逐无知

◎（英国）弥尔顿

在平静和安全的范围内度过一生——这只是一种动物的生活，或是一种把它的小巢筑在很远很深的森林里的很高树梢上的小鸟的生活。它在那小天地里安全地喂养着它的子女，它飞来飞去找着食物，而不用担心猎人的袭击，在清晨和黄昏，可以尽情地用它那甜美的歌喉歌唱。这就是无知者的"幸福生活"。而人们为什么要让神圣的大脑增加活动呢？好，你如以此为论据的话，那么，我们将献给无知以荷马史诗《奥德赛》中女魔的酒杯，让它脱掉人的画皮，恢复动物的原形而回到动物世界中去。让无知回到动物中去，动物肯定会拒绝接受这个没有名气的客人。无论如何，很多动物还具有某种低级的推理能力或者出于一些很强的本能驱使，使它们能够在本群体中间进行一些技术或类似技术的活动。普鲁塔克告诉我们，狗在追踪猎物时表现出具有一些辨别的知识。如果它们碰巧遇上十字路口，它们明显地要用逻辑推理来做出判断。亚里士多德指出，夜莺以某种音乐规则对它们的子女进行教育。

几乎每一个动物都是自己的医生。很多动物在医学上教给人宝贵的知识。埃及的朱鹭教给我们泻药的价值，河马教给我们放血的益处。对那些经常为我们预报风、雨、洪水到来或天气好坏的动物，谁还能坚持说它们一点儿也不懂天文学呢？鹅所表现出的谨慎和严格的品德令人惊叹！为了防止多嘴的危险，它含着卵石飞过金牛山。我们家庭经济的积累，很多受益于蚂蚁；我们的共和政体则得益于蜜蜂；而军事科学承认仙鹤哨兵岗位制的练习以及在战斗中列成三角形队列的明智，此举，使人类受益匪浅。动物如此聪明，以至于不让无知在它们的团体和社会中存在。它们将迫使无知到一个更低级的层次。那是什么层次呢？是树木和石头吗？如果无知与树木和石头为伍，为什么就连树木、灌木丛和整个森林都曾拔起它们的根匆忙去听俄耳浦斯那优美的乐曲呢？它们也被赋予了不可思议的力量和神奇的预言才能。岩石也表现出一定的学习倾向，它能对诗人们的庄严朗诵做出回答。那么，无知是否也被岩石和树木驱赶走了呢？是的，无知被赶到比任何动物都低级，比岩石和石头还低级，比任何自然物都低级的档次。是否能允许无知到伊壁鸠鲁的信徒们，著名的"根本不存在"那里去找安息之地呢？不行，就是那里也不允许。因为无知是比享乐主义还

坏、还卑鄙、还讨厌的东西。一句话，无知是完全堕落的东西。

※智慧隽语※

是的，无知被赶到比任何动物都低级，比岩石和石头还低级，比任何自然物都低级的档次。

# 面对孩子们

◨ （法国）卢梭

人们时常争论这个问题：是趁早为孩子们讲明他们感到稀奇的事情呢，还是另外拿一些小小的事情将他们敷衍过去，现在我已经找到了解决这个问题的办法。我认为，人们的两种办法都不能用。首先，我们不给他们以机会，他们就不会产生好奇心。因此，要尽可能使他们不产生好奇心；其次，当你遇到一些并不是非解答不可的问题时，你不可随便欺骗提问题的人，你宁可不许他问，也不应向他说一番谎话。你按照这个法则做，他是不会感到奇怪的，如果你已经在一些不重要的事情上使他服从了这个法则的话；最后，如果你决定回答他的问题，那就不管他问什么问题，你都要尽量答得简单，话中不可带有不可思议和模糊的意味，而且不可发笑。满足孩子的好奇心，比引起他的好奇心所造成的危害要少得多。

## 面对孩子们

　　你所做的回答一定要很慎重、简短和肯定，不能有丝毫犹豫不决的口气。同时，你所回答的话，一定要很真实。成年人如果意识不到对孩子撒谎的危害，就不能教育孩子知道对大人撒谎的危害。做老师的只要有一次向学生撒谎撒漏了底，就可能使他的全部教育成果毁灭。某些事情绝对不能让孩子们知道，对他们来说也许是最好不过的。但不可能永远隐瞒他们的事情，就应当趁早告诉他们。要么就别让他们产生好奇心，否则就必须满足他们的好奇心，以免他们达到一定的年龄后，受到自己好奇心的危害。关于这一点，你在很大的程度上要看孩子的特殊情况以及他周围的人和你预计到他将要遇到的环境等等来决定你对他的方法。重要的是，这时候在任何事情上都不能凭偶然的情形办事，如果你没有把握使他在16岁以前不知道两性的区别，那就干脆让他在10岁以前知道这种区别好了。

　　我不喜欢人们装模作样地对孩子们说一套一本正经的话。也不喜欢大家为了不说出真情实况转弯抹角，因为这样反而会使他们发现你是在那里兜着圈子说瞎话。不过，他那沾染了恶习的想像力，使耳朵也尖起来了，硬是要不断地推敲你所说的话。所以，话说得粗一点，没有什么关系，应该避免的是色情的观念。

※智慧隽语※

　　成年人如果意识不到对孩子撒谎的危害，就不能教育孩子知道对大人撒谎的危害。

# 知识的来处

（美国）艾尔文·潘诺夫斯基

那时教我拉丁文的教员是历史学家西奥多·莫姆森的朋友，他本人也是最受人尊敬的西塞罗专家。教我希腊文的教师是《柏林语文周刊》的编辑。我永远不会忘记这位可爱的学究式的老师向我们这些15岁的孩子们道歉的情景。他为忽略了柏拉图一段对话中的一个逗点向我们道歉说："这是我的错误，对此我在20年前已经写了一篇文章，现在我们必须再重新翻译一次。"这位先生的对手，一位爱拉斯谟式的智慧渊博的人，他担任我们的历史教员，那时我们是初中生，他自我介绍说："先生们，在这一学年，我们将试图理解所谓中世纪发生的事情。我认为你们已经长大了，能够使用书本了。"

正是大量的这种细小的经历才构成了教育。这种教育应当开始得越早越好，那时的记忆力比以后任何时候都强。我认

为，不仅在教育方法上如此，在教育内容上也应如此。我绝不相信，只能把儿童或青少年可以完全理解的东西教给他们。相反，那些似懂非懂的短语、熟悉又不熟悉的名字、似理解又不理解的诗句是根据声音和韵律而不是根据其含义记忆的。这些东西贮存在记忆中，抓住了想像力，三四十年以后，当他看到根据奥维德的《岁时记》创作的一幅绘画或一张表现了《伊利亚特》暗示出的主题时，它们就会突然闪现出来，就像饱和的连二亚硫酸盐溶液受到振动，突然结成了晶体一样。

如果美国的某个大基金会真正有兴趣为人文主义做些事情，那么，它可以建立许多模范中学，这些学校拥有充足的资金，享有威望，能够吸引与大专院校教师具有同等水平的教师，而且能吸引那些准备投考进步教育家认为既是标准过高的，又是无益的学府的学生们。但是，众所周知，这种投资机会是很渺茫的。然而，除去这些显然是无法解决的中等教育问题之外，移居美国的人文主义者，回顾近20年的发展，是没有理由气馁的。根植于一个国家或一个大陆的传统是不能也不应该移植的。但是，对这些传统可以进行异花授粉，而且，人们可以看到，这种异花授粉的工作已经开始，并取得了进展。

※智慧隽语※

我绝不相信，只能把儿童或青少年可以完全理解的东西教给他们。

# 高等教育

◇ （英国）罗素

现代高等教育的缺陷之一，是变得太侧重于某些技能的培训，而没有教会人们用客观的眼光去看待世界，以便极大地拓展人类思维和心灵的空间。举例说，你全副身心地参与到政治斗争中去，并且拼命工作以便为自己的党派赢得胜利。这当然不失为一件好事。然而在斗争的过程中可能会出现某种机会，它使你觉得运用了某些令世界上增加仇恨、暴力和猜疑的方法，就能取得胜利。比如，你发现取得胜利的最佳途径是去欺辱他国。如果你心中的视野仅仅局限于当前利益，或者你已经接受了效率至上的学说，你就会采取这种令人担忧的手段。依赖这些手段，目前你可能取得计划中的胜利，而未来的结局很可能是一败涂地。反之，如果在你的头脑中装满了人类的过去，人类从野蛮状态进化出来的缓慢而片面的过程，以及与天

文年龄相比之下人类的短暂存在——我想，这些思想已经变成了你的习惯性感受，那么你将认识到，你所从事的暂时斗争，其重要性决不至于值得我们去冒如此之大的危险，以至于有可能重新退回到我们奋斗至今才得以慢慢伸出头来的黑暗中去。同时，你还能承受住眼下的失败，因为你知道失败只是暂时的，这样你就不会愿意使用那些卑鄙无耻的武器了。在你当下的活动之上，你应当具有某些虽然遥不可及，但却会渐渐清晰起来的目标，在这些目标中，你不是孤独的个人，而是引导人类走向文明生活的大军中的一员。如果你拥有了这种想法，那么某种伟大的幸福就会永远伴随着你，而不管你个人的命运如何。生命将变成与历代伟人共享的圣餐，而个人的死亡只不过是首小小的插曲。

如果我有权按照我的意愿去开展高等教育的话，我将废除陈旧的正统宗教——它只迎合少数最不聪明、最厌恶进步的青年的胃口——建立一种很难再被称做宗教的东西，因为它只注重已知的事实。我将尽量让青年人清楚地了解过去，清楚地认识到人类的未来很可能比她的过去更为长久，深深地意识到我们所居住的地球的渺小，意识到这星球上的生活实在不过是昙花一现而已。在摆明这些强调个人渺小的事实的同时，我还将摆出另一组事实，使青年人从内心里感受到个人可以达到的那种伟大，认识到在这广袤无垠的宇宙中，我们还不了解另外有什么同等价值的东西。很久以前，斯宾诺莎就已阐述过人类的局限和自由，但他用的形式和语言使得一般人——除了哲学专业的学生以外——对他的思想难以领悟。

※智慧隽语※

生命将变成与历代伟人共享的圣餐，而个人的死亡只不过是首小小的插曲。

# 一个任务

◇ （挪威）易卜生

我所经历过的，鼓舞过我的，是什么呢？这个天地是广阔的，鼓舞过我的，有的只是在偶然的、最顺利的时刻活跃在我的心间，那是一种伟大的、美丽的东西。可以说，它高于日常的自我，我之所以受鼓舞，是因为我要正视它，要让它变成我的一部分。

可是，我也被相反的东西鼓舞过，反省起来，那是我自己天性中的渣滓沉淀。在这种情形下，创作好比洗澡洗完之后我感到更清洁、更健康、更舒畅。是的，先生们，一个人如果自己不是在某种程度上（至少有的时候是这样）做过模特儿，那么，他是无法写出诗意来的。我们之中有没有这样的人：他心里不时感到并且意识到，自己的言语与行动、意愿与责任、实践与理论之间发生矛盾？换句话说，我们之中有没有这样的人：他并没有，至少有的时候没有，出于利己的目的，却又半自觉、半好心地向他人、向自己掩饰自己的行为？

我相信，我向你们做学生的说这番话，是找到了合适的听众。你们能明白我这番话的意思。学生的任务实际上与诗人的任务相同：为自己，也是为他人，弄清楚他所处的那个时代和社会里所发生的暂时性和永久性问题。

在这方面，我敢说自己在国外期间努力想做一个好学生。诗人应当生来就有远大的眼光，我从来没有像我远离祖国的时候，将祖国看得那么充分，那么清楚，而又那么亲切。我亲爱的同胞们，最后我想讲一点我所经历过的事情。当裘立安国王临近他生命终点的时候，他周围的一切都垮了，使他这么伤心的原因是，他想到他所得到的只是这么一点：头脑清醒冷静的人将怀着敬佩的心情惦记着他，而他的对手们却生活下去，受到人们热情的爱戴。这种思想是我许多经历的结果，起因在于我孤寂时曾扪心自问的一个问题。今天晚上，挪威的年轻人到这里来探望我，以言语和行为给了我回答，这个回答比我原来想听到的更为热烈，更为清楚。我将把这个回答看成我回国拜访同胞的最丰硕的收获，我希望，我相信，我今天晚上的经验也将是我要去"经历"的经验，并且会反映到我的作品中去。如果真是那样，如果我将来寄回这么一本书来，那么，我请求大家在接受它的时候把它看成我对今晚会见的握手和感谢。我请求你们在接受它的时候，要

想到你们也参与了这本书的创作。

**※智慧隽语※**

学生的任务实际上与诗人的任务相同：为自己，也是为他人，弄清楚他所处的那个时代和社会里所发生的暂时性和永久性问题。

# 青年的成长

◎ （英国）罗素

只要有可能，那些发现自己与周围环境不相适应的年轻人，在选择自己的职业时，应该努力选择一种能使他们有机会寻找到志同道合伙伴的工作，哪怕这种选择会给自己的收入带来很大的损失。他们常常很少知道这样做是可行的，因为他们对世界的了解非常褊狭，并且极易想像，他们在这里已经习惯了的这种偏见，全世界到处都有。在这方面，老一辈的人可以给年轻人很多指导，因为这需要相当多的社会阅历。

在如今这个充斥着心理分析的时代，人们很习惯于假定，任何一个年轻人，他之所以与他的环境不相协调，是因为某种程度的心理紊乱。我认为这完全是错误的。举例来说，有个相信达尔文的年轻人，他的父母认为进化论是邪恶的，在这种情况下，使他失去父母同情的唯一原因只是知识问题。不错，一个人与环境不相和谐是不幸的，但是这种不幸并不一定值得花一切代价去加以避免。当这一环境充满了愚昧、偏见和残忍时，与它的不和谐反而是一种优点。从某种程度上看，几乎所有的环境下都会产生上述情况。伽利略和开普勒有过"危险的思想"（在日本是这么说的），我们时代最有才华的人也是如此。以为社会意识应该变得如此强大，如此发展，以至于使得那些叛逆者对由他们的思想所激怒的社会普遍敌视态度表示恐惧，是不可取的。真正可取的是：找到一些方法，使这种敌视态度尽可能得到减弱，尽可能失去其影响。

在今天，这一问题主要存在于青年人之中。如果一个人处在合适的职业和环境中，他很可能会摆脱社会的迫害。但是在他还年轻的时候，在他的优点还没有经过考验的时候，他往往处于那些无知者的掌握中。这些无知者自以为能够对那些一无所知的事情做出判断，但是，当他们知道一个乳臭未干的小子竟然比自己这些阅历广泛、经验丰富的人懂的还要多时，不禁怒从心起。许多最后摆脱了这些无知者的独断专横的年轻人，经过长期的艰苦抗争和精神压抑后，感到痛苦失望，精神大受挫折。有这样一种颇为轻松的说法：似乎天才注定会成功，根据这种观点，对年轻人的能力的迫害仿佛不会造成多大的危害。但是我无论如何都没有充分的理由接受这种说法。

这就像那种说杀人者必露马脚的观点一样。很显然，我们知道的所有杀人者都是已经被发现了的。但是谁知道到底还有多少杀人者没有被人发现？同样，我们听到的那些天才都是在战胜重重困难之后才获得成功的，但是没有理由说，许多天才并不是在青年时期夭折消失的。

※智慧隽语※

很显然，我们知道的所有杀人者都是已经被发现了的。但是谁知道到底还有多少杀人者没有被人发现？

# 科学之于民众

◙ （美国）卡尔·萨根

我们是能思考的生物。这正是我们的长处所在。我们不如其他动物跑得快、会伪装、善于挖洞、长于飞翔和游泳，但我们善于思考。并且由于有了双手，我们善于建造。这是我们的特殊天赋，也是人类延续的主要原因。如果我们自己明智地运用了这些能力而没有鼓励他人运用，那就否认了我们人类善于思考的天生权力。因而我认为没有被鼓励着去积极思考的人是不幸的。理解世界是一种享乐，我经常看到人们，一些普通的人们，当懂得了一些他们从前一无所知的自然知识——为什么天空是蓝的，为什么月亮是圆的，我们为什么会有脚趾时，他们是多么兴奋不已。这兴奋一是由于知识本身的乐趣，二是由于这给了他们某种才智上的鼓励。他们发现，他们并不是如某些人所说的那么不可教化。我们的教育系统培养出来的许多人确信自己缺乏理解世界的能力。

科学不仅是知识的本体,更主要的,它是一种思维方法。这种思维以严格的怀疑观及对新思想的开放性的结合为特征。在我们生活的各个领域——社会、经济、政治、宗教等,都绝对地需要科学。科学也是一种智能探险,它更易于被青年接受。科学对青年特别具有感召力的原因是:未来是属于青年的,他们懂得科学与他们未来生活的世界有某种联系。

另外,每种文化都有一个创世的神话。它通常是很好的,有时也并不完美。它是一种试图解释我们根源的尝试:每个民族是怎么来的,人类、景物、地球、太阳、恒星、行星是怎么来的,及最主要的问题——如果宇宙存在开端的话,它是如何开始的。你会发现世界上各种传说、神话、迷信、宗教,还有我们人类的许多伟大的文学作品都试图解决这些深奥的问题。对于其中的每一个问题,科学都已给出某种近似的答案。这样,科学回报了人类古老的紧迫需求。电视纪录片《宇宙》在世界范围内产生了反响,我们发现如此众多的公众对宇宙演化的描述产生共鸣。它对人们的影响之深几乎达到了宗教的程度。

由于以上所述的原因,我认为,任何一个社会,如果希望在下个世纪生存得好,并且它的基本价值不受影响的话,都应该关心国民的思维、理解水平,并为未来做好规划。我坚持认为,科学是达到上述目的的基本手段——它不仅是专业人员所

讨论的科学，更是整个人类社会所理解和接受的科学。如果科学家不来完成科学普及的工作，谁来完成？

**※智慧隽语※**

科学不仅是知识的本体，更主要的，它是一种思维方法。

# 发现花未眠

（日本）川端康成

我常常不可思议地思考一些微不足道的问题。昨天来到热海的旅馆，旅馆的人拿来了与壁龛里的花不同的海棠花。我太劳顿，早早就入睡了。凌晨4点醒来，发现海棠花未眠。

发现花未眠，我大吃一惊。葫芦花、夜来香、牵牛花和合欢花，这些花差不多都是昼夜绽放的。花在夜间是不眠的。这是众所周知的事，可我仿佛才明白过来。凌晨4点凝视海棠花，更觉得它美极了。它盛放着，含有一种哀伤的美。

花未眠这众所周知的事，忽然成了我发现花的机缘。自然的美是无限的，人感受到的美却是有限的。正因为人感受美的能力是有限的，所以说人感受到的美是有限的，至少人的一生中感受到的美是有限的，是很有限的。这是我的实际感受，也是我的感叹。人感受美的能力，既不是与时代同步前进，也不

是随年龄而增长,凌晨4点的海棠花,应该说也是难能可贵的。如果说,一朵花很美,那么我有时就会不由自主地自语道:要活下去!

画家雷诺阿说:只要有点进步,那就是进一步接近死亡,这是多么凄惨啊。他又说:我相信我还在进步。这是他临终的话。米开朗琪罗临终的话也是:事物好不容易如愿表现出来的时候,也就是死亡将至之时。

毋宁说,感受美的能力发展到一定程度是比较容易的。但光凭头脑想像是困难的。美是邂逅所得,是亲近所得,这是需要反复陶冶的。比如唯一一件古代美术成了美的启迪,是美的一种开光,这种情况确实很多。所以说,一朵花也是好的。凝视着壁龛里摆着的一朵插花,我心里想道:与这同样的花自然开放的时候,我会这样仔细凝视它吗?只摘了一朵花插入花瓶,摆在壁龛里,我才凝神注视它。不仅限于花,就说文学吧,今天的小说家如同今天的歌手一样,一般都不怎么认真观察自然,大概认真观察的机会很少吧。壁龛里插上一朵花,再挂上一幅花的画。画的美,不亚于真花的当然不多。就算画中花很美,可真花的美仍然是很显眼的。然而,我们往往仔细观赏画中花,却不怎么留心欣赏真的花。

※智慧隽语※

事物好不容易如愿表现出来的时候,也就是死亡将至之时。

# 风景的情调

◉ （德国）齐美尔

所谓情调当然不可以理解成我们为了描述的方便而将各种各样情调的共同点归纳起来的抽象概念。我们说景色令人心旷神怡或者令人肃穆，气势磅礴或者单调无味，令人心情激动或者忧郁。我们把风景特有的情调注入心灵中第二位的，从原有生活中只保留无特殊影响的层次。更确切地说，这里所指的风景的情调绝对就是这个风景的情调，决不会是另一个风景的情调，尽管人们或许可以将两个风景概括起来共同理解，例如都理解为忧郁。当然，对以前已经定型的风景也可以说成这样的有典型概念的情调。但是风景本身特有的，其每一线条的变化都可能变成另一风景的情调（这种情调是内在的），是和风景的形成统一共生的，是不可分割的。有一种普遍的错觉认为，风景的情调只能在那些文学抒情的一般感情概念中寻觅，这就影响了对造型艺术、甚至对形象的理解。一个风景真正具有独特个性的情调很少能用抽象的概念表达出来。如果情调正是风景在观察者身上激起的感情，那么这种感情的真正特点只和这个风景紧密相依。只有当我忘却了感情的紧密相依和真实的特性存在，我才能将感情归纳成忧郁或欢乐、严肃或激动的普遍概念。

情调虽然是共同的，即不附属于风景的某一个部分，但也并非意味着它是许多风景的共同概念，所以不能把情调和风景的产生，即所有风景素材的统一形成视为同一种行为，就好像我们的各种心灵力量——直观和感觉——是不会异口同声、众口一词的。偏偏在风景面前，在自然存在的统一力量将我们分成直观的"我"和感觉的"我"，这就错上加错了。我们是作为整个人类出现在风景——不管是自然的风景还是人工的风景——面前的，为我们创造风景的行为本来就是观察和感受的行为，只有在考虑到它们的区别时，才是分裂的行为。艺术家不过是喜欢根据观察和感觉进行造型活动的人，他们纯真，有活力，他们完全吸收现成的自然素材，然后根据自己的理解重新创作。而我们则总是受这些素材的约束，习惯于在艺术家真正看"风景"和塑造"风景"的地方察看这个或那个特殊的东西。

※智慧隽语※

我们把风景特有的情调注入心灵中第二位的，从原有生活中只保留无特殊影响的层次。

# 在 山 口

◇ （德国）黑塞

到了山口的高处，我站住脚。下山的道路通向两侧，水也流向两侧，在这高处，紧挨着的、手携手的一切，都找到了各自的道路通往两个世界。我的鞋子轻轻触过的小水潭泻向北方，它的水流入遥远的寒冷的大海。紧挨着小水潭的小堆残雪，一滴滴雪水流向南方，流向利古里亚和亚得里亚海岸汇入大海，这大海的边缘是非洲。但是，世界上所有的水都会重逢，冰海和尼罗河融合成潮湿的云团。这古老、优美的譬喻使我感到这个时刻的神圣。每一条道路都引领我们流浪者回家。

我的目光还可以选择，北方和南方都在视野之内。再走50步，我眼前展开的就只有南方了。南方从浅蓝的山谷里向山上呼出多么神秘的气息啊！我的心多么急切地迎着它跳动

## 在山口

啊！对湖泊和花园的预感，葡萄和杏仁的清香，向山上飘来，还有关于眷念和罗马之行的古老而神圣的传说。

回忆像远方山谷里的钟声从青春岁月里向我传来：我首次去南方旅行时的兴奋心情，我如何陶醉地吸着蓝色湖畔的花园里浓郁的空气，夜晚时又如何侧耳倾听苍白的雪山那边遥远的家乡的声息！在古代神圣的石柱前的第一次祈祷！第一次像在梦中那样观赏褐色岩石背后泛起白沫的大海的景象！

陶醉的心情不复存在了，向我全身心的爱展示美丽的远方和我的幸福的愿望，也不复存在了。我心中已不再是春天，而是夏天。陌生人向站在高处的我致意，那声音听来是另一种滋味。它在我胸中的回响更无声息，我没有把帽子抛到空中，我没有歌唱。

但是我微笑了，不只是用嘴。我用灵魂，用眼睛，用全身的皮肤微笑，我用不同于从前的感官，去迎向那朝山上送来芳香的田野，它们比从前更细腻，更沉静，更敏锐，更老练，也更含感激之情。今天，这一切比往昔越发为我所有，同我交谈的语言更加丰富，增加了成百倍的细腻程度。我的如醉的眷念不再去描绘那些想像朦胧远方的五彩梦幻，我的眼睛满足于观看实在的事物，因为它已经学会了观看。从那时起世界已变得更加美丽。

世界已变得更加美丽。我独自一人，不因孤单而苦恼。我别无愿望。我准备让太阳将我煮熟，我渴望成熟。我准备去死,准备再生。

※智慧隽语※

陶醉的心情不复存在了,向我全身心的爱展示美丽的远方和我的幸福的愿望,也不复存在了。

# 画技之外

◎ （意大利）达·芬奇

我认为一个画家能使他所画的人物有一副悦人的样子，这个本领不算小。生来没有这本领的人也可以抓住机会勤学苦练，学得这本领，方法如下：

经常留心从许多美的面孔上选出最好的部分，判断这些面孔的美，须根据公论而不是单凭你个人的私见，因为你很容易自欺，只选和你自己的面孔有些类似的面孔，这种类似往往使你高兴。如果你丑，你就不会选美的面孔，而会选一些丑的面孔，许多画家往往如此，他们所画的典型人物就像他们自己。所以我劝你选些美的面孔，将它们牢记在心。

画家如果拿旁人的作品做自己的标准或典范，他画出来的画就没有什么价值。如果努力向自然事物学习，他就会得到很好的结果。罗马时代以后画家的情况就是这样，他们不断地互相模仿，他们的艺术迅速地衰颓下去，一代不如一代。

接着佛罗伦萨人乔托起来了。他是在只有山羊和其他野兽居住的寂静山区里生长起来的，他直接从自然转向艺术，开始在岩石上画他所看管的山羊的运动，画乡间可以见到的一切动物的形状，经过辛苦钻研，他不仅超过了当代的画师，并且超过了前几百年所有的画师。乔托之后，艺术又衰颓下去，因为大家全都模仿现成的作品。

艺术继续衰颓了几百年，一直到佛罗伦萨人托马索出来用他的完美艺术证明了这个事实：凡是抛开自然，这个一切大画师的最高向导，而到另外的地方去找标准或典范的人们都是在白费心血。凡是只研究权威而不研究自然作品的人在艺术上都只配做自然的孙子，不配做自然的儿子，因为自然是一切可靠权威的最高向导。那些指责从自然学习，而不指责也是从自然学习的权威的人是极端愚蠢的。

**※智慧隽语※**

凡是抛开自然，这个一切大画师的最高向导，而到另外的地方去找标准或典范的人们都是在白费心血。

# 音乐的属性

◎ (英国) 伍尔芙

那些若无其事地声称自己（宛如在坦白他们具有某种人类常见的免疫力似的）无法欣赏音乐的人的数量正在增加，尽管对此供认不讳本来是应该和承认自己是色盲一样令人担忧。为此，乐神的使节教授和演出音乐的方式在一定程度上必须承担责任。正如我们所知道的，音乐是危险的，而那些教音乐的人没有勇气把音乐的力量给予音乐，因为他们害怕那将在孩子身上发生的情况——在喝了这样一剂毒药以后，节奏与和声就像干枯的花朵一样，被压缩进干净利落地划分开来的音阶以及钢琴的全音程和半音程里。音乐最安全和最容易的属性——它的曲调——是教给了孩子，但是作为音乐灵魂的节奏却被允许像有翅翼的生物一样逃逸了。于是，那些学过安全的音乐知识的有教养之士就是那些经常"夸耀"自己需要音乐之耳的人。而那些节奏感从未被分离或附属于曲调感的无知无识者，则是挚爱着音乐并且经常创作音乐的人。

也许确实是这样：节奏感在那些心灵还未被精心地训练去追求别的东西的人们那儿要更为强烈些。同样，没有任何文明艺术的野蛮人，在他们能对音乐做出适当的反应前，对于节奏就极其敏感。心灵中的节拍接近于身体脉动的节拍，故而虽然许多人对曲调一窍不通，却几乎没有人是马马虎虎的，以致在话语、音乐以及运动中竟听不到自己心脏跳动的节奏。就是因为这节奏是我们生来俱有的。所以我们永远不可能让音乐沉默下来，恰如我们无法让心脏停止跳动一样。也正是因为这个理由，音乐才具有了全球性，才拥有那种自然的奇异而无限的能力。尽管有着所有那些我们用以抑制音乐的手段，可是每当我们让自己放纵于音乐时（没有任何美妙的绘画或庄重的文字能具有音乐的影响力），它仍然能够支配我们。满屋文明人在乐队的伴奏下按着节律移动是我们已习惯了的一种奇特景象，但是也许将来有一天，它将显示出存在于节奏的力量中的巨大可能性，而我们的整个生活都将因之发生翻天覆地的变化，恰如人类初次意识到蒸汽的力量一样。

※智慧隽语※

这节奏是我们生来俱有的，所以我们永远不可能让音乐沉默下来，恰如我们无法让心脏停止跳动一样。

# 均衡的节奏

◎ （古罗马）奥古斯丁

灵魂具有认识永恒事物的能力，因为灵魂紧紧依附于这些事物，但是同时，灵魂又没有力量这样做。为了找到其原因，我们必须观察最能引起我们注意的事物，必须观察我们最关心的事物，因为这种事物是我们比较喜爱的。我们爱美的事物，的确，也有人毁灭美，他们是腐烂事物的喜爱者。但是，至关重要同时又使人感觉讨厌的东西，也就是最令人反感的东西。美的东西以自身的比例令人愉快。

正如我们所说的，均衡不仅在听到的声音中，在身体的运动中能够找到，而且在许多可见的形式中都能找到。与声音中的存在方式相比，人们更习惯将此间存在的均衡看作是美。如果没有均衡，即没有几对相同的部分互相对应，也就没有匀称或节奏感。一切单一体必须有一个中心位置，以便在从任何一边到中心的任何一部分之间保持均衡。可见光左右着一切颜色，而颜色当然又是各种物体形式使人感到愉快的根源。在一切光和一切颜色中，我们追求与我们的眼睛和谐的东西。

正像我们回避强音，但又不喜欢太低的声音一样，我们同样回避强光，但也不喜欢看光线太暗的东西。节奏不决定于时间间隔的长短，而是决定于实际声音的强弱，这种实际声音的强弱就是节奏中的光。这种声音与沉寂是相对的，正像黑暗与光明是相对的一样。在这一切过程中，我们都是根据我们本性的能力而行动，根据产生的愉快而探索，或者根据产生的厌恶而拒绝，尽管我们感觉到，我们所厌恶的东西常常是其他动物所喜欢的东西。

实际上，我们最感到高兴的是均衡的形式，因为我们发现，以与我们通常的思维相去很远的方式，为了互相对称，已经提供了均衡的条件，在嗅觉、味觉和触觉中，同样可以看到这种现象，并易于对它们进行探索。但是，要想详细地解释其中的奥妙则需要很长的时间。一切能感觉到并令人愉快的事物都是由于均衡或相似而使我们产生快感。凡是存在均衡或相似的地方，就存在着节奏，因为任何东西都不会像一与一那样相等或相似。

**※智慧寄语※**

一切单一体必须有一个中心位置，以便在从任何一边到中心的任何一部分之间保持均衡。

# 舞　蹈

◎ （美国）苏珊·朗格

只有用幽默或夸张的语言交谈时，我们才说："母亲创造了甜饼。"然而，当我们提及一件艺术品的时候，却真心实意地称它是一种"创造物"。由此便自然地引出这样一个哲学问题："创造"这个词的意思是什么？我们究竟创造了什么？如果我们持续对这个问题探究下去，它就会引出一连串与这个问题相关的其他问题，比如，艺术家在艺术作品中创造了什么？他创造这些东西的目的是什么？这些东西又是怎样被创造出来的？等等。要回答这一连串的问题，就必然会涉及到艺术哲学中所有重要的概念，如幻象或想像、表现、情感、动机、转化等等。当然，还有其他一些概念，但是，它们都是互相联系着的。

在一次讲演中，不可能涉及所有艺术门类，否则就容易混淆某些重要的原理和含义。既然我们眼前关心的是舞蹈，那就让我们缩小讨论的范围，集中来谈谈舞蹈艺术。我所要提出的第一个问题是：舞蹈家创造了什么？很显然，舞蹈家创造的是舞蹈。如上所述，舞蹈家并没有创造出构成舞蹈的物质材料，——既没有创造出舞蹈演员本人的身体，也没有创造出演员身上所穿的服装、舞台地板、周围空间、灯光照明、乐曲、重力和其他设备。演员只是利用了这一切东西，创造出与这些物质不同且高于这些物质的东西——舞蹈。那么，什么是舞蹈呢？

舞蹈是一种形象，也可以将它称为一种幻象。它来自于演员的表演，但又并非等同于这表演。事实上，当你欣赏舞蹈的时候，你并不是在观看眼前的景象——向四处奔跑的人、扭动的身体等，你看到的只是几种相互作用着的力。正是凭借这些力，舞蹈才显出上举、前进、退缩或减弱的形态。不管是在托钵僧舞那激烈的旋转动作中，还是在那些缓慢、有力而又单一的动作中，仅仅靠人的身体，就可以将那种神秘力量的全部变幻展现在你的眼前。然而这些"能"或者说看上去似乎在舞蹈中起作用的"力"，并不是由演员的肌肉活动所产生的那些引起实际动作的物理力。我们眼睛看到的这种力（因而也是最可信的力）是为知觉而创造的，因而也是专门为知觉而存在的。

※智慧隽语※

当你欣赏舞蹈的时候，你并不是在观看眼前的景象——向四处奔跑的人、扭动的身体等，你看到的是几种相互作用着的力。

# 永恒的诗

◎ （英国）劳伦斯

生命，永恒的存在，没有结局，没有彻底的完成。完美的玫瑰只是流动的火焰，涌现，复又消逝，从来不曾有休息、静止和完成的时候。这儿有超验的神秘，整个生命之潮和时间之潮突然涨起，像幽灵，像幻影一样出现在我们面前。让我们来看看初生物白垩色的内核。睡莲从水中抬起头看着周围，突然出现，又突然消失，我们已经见过了那个化身，那常常打着漩涡的水的中心。我们已经见到了无形之物，我们看见了，我们触摸到了，我们参与了生命变化即生物变种的实质。如果你和我谈论荷花，你也就告诉了我不变和永恒的虚无，告诉了我无穷无尽、不断闪现的生命火花的奥秘，告诉了我流动的化身，变异的花朵，以及在转化中出现的欢笑和腐败。这一切运动都在我们面前暴露无遗。让我在我的荷花中感觉污泥和天堂，让我感觉那沉重的、淤塞的污泥和台风的中心。让我在最纯粹的接触中感觉它们。不要给我固定的、定形的和静止不变的东西。不要给我无限或永恒，无限的虚无和永恒的虚无。给我瞬时的、白色的炽热，以及处在炽热时刻的冷酷和炽热：这个时刻就是瞬时的存在，即现在。瞬时不是向下流淌的一滴水。它是源头和主流，是溪流的泉眼。这儿，就在这个时刻，时间之流从未来之泉中汩汩流出，流向过去的大海。这个源头和主流，就是有创造力的核心。

有关于无限过去和无限未来的诗，也有关于瞬时存在的即时诗。关于物质化的现在的诗是最崇高的，甚至超越了未来和过去永恒的杰作。在这个激动人心的瞬时，它超越了水晶、珍珠般的瑰宝以及关于永恒的诗。不要去询问那不断的、无始无终的杰作的质量。去打听打听污泥沸腾的白沫，天塌时出现的腐烂，以及永不停息、永不终止的生命本身吧，那儿一定存在着某种突变，比彩虹的消失还要迅捷，还要匆忙。它从不休息，来来去去，从不凝滞。没有确定的结果，有的只是生活本身的特性——刻不容缓，没有收场和结束。在永不可测的造物过程中相遇的事物之间，一定存在着瞬时即逝的联系，任何事物本身都处在迅速流动变化的关系之中。

这就是骚动不息的、捉摸不透的纯粹现时的诗。它的永恒性在于风一样的运行中。惠特曼的诗是其中最好的，没有开始,也没有结束。没有地基,也没有山墙,它永远刮着,就像风永不停息,无拘无束。

※智慧隽语※

　　没有确定的结果,有的只是生活本身的特性——刻不容缓,没有收场和结束。

# 诗才的特征

◎ （英国）柯勒律治

良知是诗才的躯体，幻想是它的衣衫，运动是它的生命，而想像则是它的灵魂，无所不在，贯穿一切，把一切塑造成为一个有风姿、有意义的整体。

心灵里没有音乐的人，决不能成为一个真正的诗人。形象（取自自然的，尤其是从书本中来的，例如从旅行、航行，以及从自然史的作品中间接得来的）、动人的事件、合理的思想、有意思的个人或家庭情感，把这一切组织合并成为诗歌的艺术，是可以通过不断的努力学到的，像学一种职业技艺那样。但音乐的快感和给予这快感的能力，是要依靠想像得来的。这种能力，和能把缤纷万象简化为统一作用的本领，是可以培养、改进的，但却是学不来的。形象本身，无论多么美，多么忠实地被从自然抄袭下来，多么准确地被用词语表达出来，都不能说明诗人的本质。只有在下列情况下，形象才变成独创天才的印证：这就是，当形象受到主导热情的陶冶，或受到主导热情所唤醒的联想和形象的陶冶的时候；或是当形象达到能够化多样为统一、变持续为刹那的程度的时候，当形象从诗人的精神中接受过来一种富有人性和智力的生命的时候。

当形象为诗人心中占首要地位的情境、激情或性恪，予以形体的塑造、色调的适应的时候，它也就具有了最高的价值，这无疑说明了诗才的特征。

我还应当提起最后一个特征。这特征，除掉和上面各点共存，本身不能证明什么，然而没有它，上面各点也不能达到高度的发展，即使有发展，也只能是短暂的闪烁、瞬息的光芒。那就是思想的深度和活力。一个人，如果不是一个深沉的哲学家，他决不会是个伟大的诗人。

莎士比亚是自然的宠儿，自发的天才，他并不是灵感的消极工具，被精神所掌握而不掌握精神。他首先耐心研究，深刻静思，细腻了解，一直到知识变成了习惯，变成了本能，和他的惯有感情相结合，最后产生出他那无比伟大之力，独步人间，在他本行内，没有对手，没有第二人。

**※智慧隽语※**

一个人，如果不是一个深沉的哲学家，他决不会是个伟大的诗人。

# 作　　诗

◎ （罗马尼亚）尼基诺·斯特内斯库

对我来说，诗是艺术的引力场，而且恕我斗胆地说，诗尽管有成千上万种形式，但它归根结底是一般认识——不仅限于艺术——的引力场。没有诗，我们就不能生活。各国人民的民族文化证明了这个带有必然性的事实，因为民族文化归根结底体现了各国人民的特殊性以及全球的精神交流。几千年前尼罗河上一只划桨的船可以给予我们关于当时航海科学的观念，但一座金字塔向我们说明的不仅是一个民族的价值，而且是整个人类的心灵的价值以及超出时间和空间的永恒的精神交流的价值。

但是，诗的需要不仅是超出时间和空间的，而且也是直接的。人与其他任何事物不相同的特殊差异以及人与人之间的特殊差异，亦即写出来的或者没有写出来的诗，是人的任何活动的组成部分，成为而且应该成为一切人的财富，社会和民族的财富。

随着诗作为一种现象深入每个人的心灵，上述情况越发清楚。社会给予群众的余暇时间越多，蕴藏在每个人心中的诗就越是渴望得到表现。

诗不仅仅是艺术，它还是生活本身，是生活的灵魂。诗首先借助艺术来表达，但又不仅借助艺术。将诗仅仅理解成艺术，这贬低了诗的概念。它不是某些人所说的生存方式，而是生存的基本组成因素。

我们不能虚构感情。我们只能发现和表达感情——爱与憎，并使这样的感情贴近自己的心或者将它们摒弃。

对诗的创作活动，应该进行十分细致的解释和理解。它主要是建立在诗人的命运的基础上，但也与诗本身的社会命运相关。可以说，诗人实际上是他的人民、他的国家的财产，而不属于他自己。美之所以成为美，并非是因为大自然的美能通过自身表现出来，而是因为诗——存在于人的心灵里并由诗人表达出来的诗。

我曾对友人说过，真正的诗人不是作家。写作的艺术和作家的概念包括小说家、戏剧家和评论家。真正的诗人不是作家，却又是作家。

如果说小说家可能虚构，画家可以有幻觉，那么只有当诗人也是小说家时才虚构，只有当他也是画家时才有幻觉。真正的诗人不虚构，他表现人们心灵中的诗，从人们的心灵中发现诗，与人们心灵中的诗同命运、共呼吸。只有这样，诗人才能受到人们的信赖，才能具有影响。

**※智慧隽语※**

美之所以成为美，并非因为大自然的美能通过自身表现出来，而是因为诗——存在于人的心灵里并由诗人表达出来的诗。

# 创造性天才

 （英国）艾迪生

在伟大的天才人物之中，只有少数人赢得了全世界的赞赏，并以人类奇才之称崭露头角，他们创作出令时人喜爱，令后人惊叹的作品，靠的只是天赋才情，而并非求助于技巧或学识。在这些伟大的天才人物身上，似乎有些宏伟的狂放和铺张，这些东西的美是法国人称之为文人才子的所有品格和修饰的美所远远不能比拟的，他们靠这些东西表现出一种天才，而这种天才是在交际、思考和阅读最高雅的作品的过程中培育成的。那些涉猎过高尚艺术和科学的伟大天才，从中捕捉到一些气息，就不可避免地陷入模仿。

在古人中，在远东地区的人中，可以发现许多伟大的天才人物，他们从来不受艺术规则的束缚和限制。在荷马的作品中，想像的奔放是维吉尔力所不及的，而在《旧约全书》中我们看到，有些章节又比荷马作品中的任何章节都更为庄严和崇高。在认为古代人是更伟大和更富于魅力的天才的同时，我们必须承认，他们中间最伟大的人物可以说远远不能超过现代人的精细与恰切。在他们的明喻和暗喻中，存在着某种相似性。例如，所罗门把他爱人的鼻子比做面朝大马士革的黎巴嫩塔楼。就像夜间盗贼进宅在《新约全书》中也有类似的比喻，诸如此类的例子举不胜举。荷马用麦田中一头被全村孩子痛打而无法移动一步的驴子，来比喻他的一位被敌人包围的英雄。而把另一位在床上翻来滚去并且怒不可遏的英雄，比做一块在煤火上烘烤的鲜肉。古人描写中这种个别的过失，为那些庸才俗子的讥讽嘲笑敞开了广阔的言路。他们可以嘲笑伟大作品中的某种不合礼仪，但却不能体味这种描写的崇高美。当代的波斯皇帝遵奉东方人的这种思维方式，在许许多多自命不凡的头衔之中，选取了光辉的太阳和快乐的树种。简而言之，摒弃对古人的吹毛求疵，特别是热带的那些古人，他们的想像最热烈也最生动，我们要考虑到，在暗喻中遵守法国人称之为合理的那些规则，近几年来在世界的寒带地区也出现了。这里我们要用写作中一丝不苟的精雕细刻，来弥补我们力量和气魄的不足。我们的同胞莎士比亚就是这种第一流伟大天才的卓越典范。

※智慧隽语※

在古人中，在世界远东地区的人中，可以发现许多伟大的天才人物，他们从来不受艺术规则的束缚和限制。

# 写给学者

◎ （美国）爱默生

我认为我们需要一些更严格的学者法规。我指的是那种只有学者自己的刚毅和献身才能建立的苦行主义。我们生活在太阳光里，生活在表面上——一种贫瘠的、貌似有意义的、肤浅的生存，谈论着沉思、先知、艺术和创造。但是在我们肤浅而毫无价值的生活方式中，怎么能产生伟大的高尚？现在来吧，让我们缄口沉默。让我们手捂着嘴，过上漫长、严峻、毕达哥拉斯式的5年。让我们用爱上帝的眼和心维持在角落里的生活，做杂活，受苦，哭泣，服贱役。沉默、隐居与俭朴可以使我们穿越并达到我们生存的伟大而秘密的深处。这样潜入下去，就可以从世俗的黑暗中培养出道德风尚的崇高性。去时尚或政治的沙龙，像一只俗丽的蝴蝶那样炫耀自己，做社会的蠢材、著名的傻瓜、报纸的话题、街谈巷议的材料，而丧失布衣平民真正的特权：那是公民的隐私权，以及他那颗忠实和热情的心。

　　对文学家是致命的，对每个人也是致命的东西是那种炫耀的欲望，是那种毁坏我们生存的虚饰外表。为错误的目标奋斗，这对文学家是难免的。文学家与之打交道的语言——这个人类创造的最微妙、最强大、最长久的东西，只适于做思想和正义的武器——学着享受玩弄这台绝妙机器的自豪感，但却不使用它，其实等于剥夺了它万能的力量。如果人们从世事中摆脱出来，世界将报复他们，利用每一次机会去揭露这些不完善的、学究式的、无用的、鬼一般的生物的愚蠢。学者将感到，最浪漫的爱情故事——人类所编织的最崇高小说——纯粹的美——原本存在于人类的生活之中。它本身具有超越的价值，它还是人类创作所依赖的最丰富的素材。他怎么知道它那些有关温柔、恐惧、意志和命运的秘密呢？他怎么能捕捉并保持在生活中鸣响的高尚音乐的旋律？它的法规隐藏在每日行为的细节之中。所有行为都在对它们进行着实验。他必须承担共同负担中他的那一份儿。他必须与住在房子里的人一同工作，而不是和名字写进书里的人。他的需要、欲望、才智、情感和成就是为他打开人类生活奥秘博物馆的钥匙。

※智慧隽语※

　　对文学家是致命的，对每个人也是致命的东西是那种炫耀的欲望，是那种毁坏我们生存的虚饰外表。

# 在 东 方

◎ （英国）赫伯特·里德

当我们的观点接近于东方艺术家的观点时，我们方可利用以下两种方法欣赏他的艺术。首先是难度最大的技巧方法。当然，欧洲绘画有着自己的技法，尽管缺乏中国绘画技法那种历史的连贯性，但也是一种难以掌握的法则。欧洲绘画技法涉及到色彩理论、调色、上底色与笔触的不同效果等方面的知识，即一种有关现实事物在艺术中的复杂组合的知识。

相比之下，中国绘画技法非常简单：它只要求具备使用一支毛笔和一种颜色的知识——但是，那管毛笔非常美妙，那种颜色如此精微，只有经过多年艰苦的练习才能达到运用自如的程度。众所周知，中国人通常用毛笔写字，他们对于毛笔就像我们对于钢笔和铅笔一样了如指掌。要知道中国绘画是中国书法的延伸。对于中国人来说，美的全部特质存在于一个书写优美的字形里。一个人如果书法好,他的绘画也不会差。所有中国古代绘画都是强调线条的,这些构成绘画基本形式的线条,就像书法线条一样,能够唤起人们的判断、欣赏和愉悦之感。

故而,在西方,当我们通过一个人的笔迹来判断其性格时,中国人则在大量科学和实践的基础上,以画家对线条的加工提炼程度来评判他的素质,因为线条往往具有无限的表现力。

要了解一般绘画艺术是容易的,但要了解中国绘画艺术,我们必须先从中国其他艺术(如雕塑、陶器、青铜器和漆器等艺术)着手,从这些艺术中我们将会发现相似的技巧特征——即那种反映画家个性的无比精微的特征。比如,在陶器艺术里,这种特征可以从陶器的轮廓上看出,也可以从其轮廓与其厚度和体积的关系中找到。当陶土经过陶工的双手粘在旋转的轮子上时,它以微妙的方式表达了陶工的感觉,就像用蘸上墨汁的毛笔表现画家的感觉一样。在每一幅中国艺术作品中,都有艺术家本人的签名——这种签名并非是庸俗的自我意识的糊涂乱抹,而是古雅悠久的历史传统的产物。

※智慧隽语※

对于中国人来说,美的全部特质存在于一个书写优美的字形里。

# 艺术工作

◎ （法国）安德烈·莫洛亚

一般来说，艺术家经过长期努力，在积累了经验、技术上有了把握、风格已经形成之后，他就可以在他完全了解他所要表现的东西的时候，利用一定的时间，迅速地完成一件作品，并且获得成功。这在外行人看来似乎不可思议。惠斯特对那些指责他仅用一个小时就画完一幅画的人不加理睬。他能用一个小时画完这幅画，是因为他曾用毕生的心血画这幅画。

掌握技巧是手工业者的主要任务，然而只是艺术家工作的一部分。瓦莱里说过：一首诗"不是用感情，而是用词句写的"。实际上，两者都必须具备。一涉及艺术，人们总要想到人为的形式。形式自然是必要的，但是只有完美的形式，而无实际的内容，也毫无感染力。贝多芬的交响乐具有令人赞叹的形式，也正是在这样的形式中，倾注着贝多芬的灵魂、思想、痛苦和欢乐。拉辛的艺术形式达到了完美无瑕的境地，但若没有拉辛的激情又会怎样呢？

因此，除掌握技巧之外，（这里与手工业者不同）艺术家还要有生活，或者说要有过生活。"诗歌是人们在静谧中回味出的一种激情。"由此可见，一个艺术家的生活至少应分为三个方面：一是人类的肉体与情感生活，只有它才能教会诗人人类常识；二是沉思默想（艺术家属于反刍类动物，需要不断反复地咀嚼往昔，以将生活引导和转换为艺术形式）；最后是技巧，它所占的比例不大。我认识许多作家，他们每天只写两个小时。而思考、阅读、交谈是他们的另一种工作形式，也是必不可少的。歌德说："我们的一切工作都进行于寂静之中。"

艺术家到底应该生活在人世间还是人世外？我想这是个无法回答的问题。完全脱离尘世，保持圣洁的自我，对大多数艺术家是有害的。一个走出木屋的普鲁斯特去寻觅逝去的时光，如果我们采纳了他的生活节奏（并具有他那样的头脑），大概我们每个人也会找到无数以往生活里的素材。但是，我们不能永远只是不停地写着普鲁斯特写过的作品，永远步其后尘。况且，大部分人需要新旧的更替。这里歌德又提出一个很好的建议："当人心平气和又有明确的工作任务时，孤独是件好事。"因此，在寻找到这种得以完成工作任务的心理状态之前，明确的工作任务尤为重要。

※智慧隽语※

完全脱离尘世，保持圣洁的自我，对大多数艺术家是有害的。

# 三点要求

◘ （意大利）托马斯·阿奎那

对美有三点要求。首先，完整或完美，因为凡是残缺不全的东西都是丑的；其次，应该具有适当的比例或和谐；第三，鲜明，所以，鲜艳的东西被公认为是美的。……即使是丑陋的事物，只要被完整地描绘了出来，这个形象也是美的。

美与善是同一的，但它们在概念上仍有所区别。由于善是所有人希冀的东西，所以，它的特点是欲念在其中得到了满足。而美的特点是在观看或者认识它时欲念也同样地得到满足。正因为如此，与美联系最密切的是那些最有认识作用的感官——为理性服务的视觉与听觉。我们把可见的对象和优美的声音称为美的，而别的感官可以感觉的对象，我们并不采用"美"这个词，因为我们不说美的口感或者美的气味。由此可见，很明显，美给善增添某种与认识能力的相关性，因而应该将单纯满足欲念的东西称为"善",而把单靠实体感知本身就能带来快感的东西称为"美"。美在本质上是与欲念无关的,除非美同时兼有善的本质。就同时具有善的本质来说,真也是与欲念相关的。但按其本质来说,美具有鲜明性。

善是否与终极原因的概念联系在一起?可以断定,善不与终极原因的概念联系在一起,而更多地与其他原因概念联系在一起。正如狄奥尼修斯所说,人们把善当作某种美的东西来称赞。因此,善与形式因联系在一起。对这一点应该说,善与美在实体上是同一的,因为二者都以形式为基础,因此,善被人们当作某种美的东西来称赞。但是,在概念上二者毕竟是不同的,善本身是与俗念相联系的,因为善是人人希望得到的东西,它与目的概念联系在一起。所谓欲念也是一种迫向某个目的的冲动。美却只涉及认识能力,因为凡是一眼见到就使人愉悦的东西才能被叫做是美的。这就是美存在于适当比例中的原因。感官之所以喜爱比例适当的事物,是由于这种事物在比例适当这一点上类似感官本身。感官也是一种比例,正如任何一种认识能力一样。认识必须通过吸收的途径产生,而吸收进来的是形式,所以,美本身与形式因的概念相联系。

※智慧隽语※

善与美在实体上是同一的,因为二者都以形式为基础,因此,善被人们当作某种美的东西来称赞。

# 审美训练

◎ （英国）休谟

任何对象初次出现在眼前或想像过程中，引起的感受总不免是模糊的、混乱的。因此，在很大程度上，我们无法对它们的美或丑做出判断。我们的趣味感觉不到对象的各种优点，更不要说辨别每种优点的特性、确定它的质量和程度了。假使能下一个大致的评语：是美还是丑，这已经是至矣尽矣，而就连这样一个判断，一个人如果缺乏训练，做起来也会是踌躇的，有保留的。但在他积累了对这种对象一定的认知经验之后，他的感觉就会更精细更深入了。他将会不止看到每一部分的美和丑，而且能分别不同类型，并给以恰如其分的褒贬。在整个观察过程中，他的感受是明晰肯定的。对每一部分应该唤起的快感或反感究竟到了何种程度，属于何种类型，他都能看得一清二楚。仿佛遮掩着对象的迷雾消

散了，器官由于经常运用也就日趋完美，以至最后可以判断一切作品的优点，不必害怕会犯错误。一句话，完成任何作品和判断任何作品所需的巧妙和敏捷，都只有通过训练才能获得。

由于训练对培养审美感觉极端有利，我们在评论任何重要作品之前应该永不例外地将它一读再读，全神贯注地从不同角度对它进行观察。初读任何作品，心情上总不免有些忙乱，从而使自己对美的真实感觉受到干扰。我们会看不到各部分之间的联系，分辨不清风格变化的真正性质，不同的优缺点仿佛糅杂在一起，模糊地呈现在我们的想像力当中。还不用说另有一种肤浅涂饰的美，初看固然叫人喜欢，经过考虑后就发现它和理性或激情的正常表达方式完全不相容，因此使我们口味厌腻——这时我们就会鄙弃地将它丢开，或至少大大降低对它的估价。

只要我们坚持审美方面的训练，就会常常在不同类型和程度的完善中间进行比较，并估计其分量上的差异。一个人如果没有机会比较不同类型的美，他就根本没有资格对任何对象下断语。只有通过比较，我们才能确定褒贬的言词，才能知道怎样褒贬得恰如其分。信笔乱涂的画也会有些鲜艳色彩和大致类似之处，在有限的意义下讲来，也可以算成美，让粗陋之人看见了说不定会拍手叫绝；最下流的小调里也会有和谐自然的片断，只有熟悉更高级的美的人才能肯定地指出它的调子刺耳，

词句庸俗。一个习惯于美的最高形式的人看到极端低级的美一定会感到痛苦。也正是由于这个原因，我们才称之为丑。

**※智慧隽语※**

只要我们坚持审美方面的训练，总不免要常常在不同类型和程度的完善中间进行比较，并估计其分量上的差异。

# 愉　悦

◇　（德国）威廉·狄尔泰

如果我想通过一位伟大的创造性人物的眼睛，也可以说是通过其灵魂洞察现实世界，那我就会领略到伟大的景观、崇高的生命或道德行为。我的力量就会以更加强烈的方式增长，我的一切感官、内心以及精神力量都被唤醒、刺激、升华，同时对它们的需求不会超出我的能力，因为我只是处于一种模仿状态，当我观看席勒的一出充满着极大感染力的戏剧时，我必须将自己提高到一种类似的水准。同时，审美愉悦的各个组成部分进入艺术品的接收过程。博克、休谟以及费希纳都在其美感分析中解析过这些组成部分，它们在所谓概括性接收过程中融为一体。

它们不仅通过增添新的愉悦成分来促进这种快乐，而且更多的是均匀地、彻底地满足内心世界的一切成分，使内心得到一笔来源丰富且无可穷尽的财富,这如同由无数小溪汇集成的山洪。

因此,艺术品的意义并不在于它提供了大量的快感,而在于它使我们在欣赏中得到彻底的满足,因此艺术品激发了我们的情感并使我们内心燃起的每种追求都得到满足,这毋宁说是既愉悦了感官又丰富了内心。

一部艺术品如果能在不同时代、不同民族的人那里引起持久的、彻底的满足,就算是第一流的。衡量艺术品的艺术性和价值只是取决于这种作用,而不是作品必须实现的"美"的抽象概念。美学和艺术批评把这个僵死的"美"的概念推上艺术理论的宝座已经太久了。同样,将艺术品产生的快感进行孤立的考察也无法让人理解作品的意义。

只有从艺术家天然强健的伟大心灵的影响出发,从充分把握了其意蕴的现实对由各色人组成的、能被伟大事物吸引的公众的影响出发,艺术对于人类的伟大而神圣的意义才可能被理解。人们才会懂得伟大的艺术品为何可以提高认识能力,丰富内心,使内心得到宣泄和净化。

※智慧隽语※

一部艺术品如果能在不同时代、不同民族的人那里引起持久的、彻底的满足,就算是第一流的。

# 艺术价值

◎ （英国）毛姆

我这里说的是另外一些人，他们以鉴赏和评价艺术作为他们生活的主要行当。我对这些人不甚赞赏，他们自命不凡，沾沾自喜。他们在实际生活中碌碌无为，却瞧不起别人谦卑地干着命运驱使他们干的平凡工作。因为他们阅读过许多书或者观赏过许多画，他们就自以为高人一等。他们用艺术逃避现实生活，愚昧无知地鄙夷平常事物，否认人类各种主要活动的价值。他们实在不比瘾君子们高明多少，应该说是更坏多少，因为无论如何瘾君子并不把自己高高地置于台座之上，看低别人。

艺术的价值，犹如神秘之道的价值，在于它的效果。倘若它只能给予人快乐，无论是怎样的精神上的快乐，它也没有多大意义，或者至少不比一打牡蛎和一盅葡萄美酒有更多的意义。倘若它是一种安慰,那是够好的,这世界上充满了邪恶,人们能够常有个隐逸的去处,的确是好的,但并不是逃避邪恶,而是积聚力量去迎击邪恶。因为艺术若要作为人生的一大价值,它必须培育人们谦逊、宽容、智慧和高尚的品德。艺术的价值不在于美,而在于正当的行为。

如果美是艺术的一大价值,那就难以令人相信使人们得以欣赏艺术的审美感会只是某一阶级的特权。把限于特权集团享有的一种感受力说成是人类生活的必需,那是大谬不然的。然而这正是美学家们的主张。我得承认,在我愚蠢的青年时代,我曾经将艺术视为人类活动的极致,人类存在的理由(我把自然界一切美的东西都归于艺术之内,因为我认为——的确我现在依旧认为,它们的美是人类所创造的,一如我们创作出图画和交响乐一样),当时我想美只能被特选的少数人所欣赏,心里感到一种特殊的满足。但是这种想法早已被我摒弃了。

我不能相信美是一小撮人的天赋,我认为只有受过特殊训练的人才觉得有意义的艺术表现,同它们所吸引的那一小撮人一样不足挂齿。艺术必须人人都能欣赏,那才是真正伟大而有意义的,一个小集团的艺术只是一种玩物而已。

※智慧隽语※

如果美是艺术的一大价值,那就难以令人相信使人们得以欣赏艺术的审美感会只是某一阶级的特权。

# 孩　　子

◎　（丹麦）克尔凯郭尔

每个孩子的头上都有一个光环，每个父亲都会感到他欠孩子的比孩子欠他的更多，而且他们谦卑地感到孩子是希望，而他自己即使是用最好的话来形容也只是一个继父。没有感受到这一点的父亲徒劳地保持着父亲的形象。让我们摆脱这些无道理的激动吧，但我们也不能满足孩子一切任性的要求，因为孩子要保证完成不可能的任务。

孩子是世界上最伟大最重要的，而当人们最初接受他的时候，他是最无意义和最不重要的。如果知道一个人在这方面的想法，你就有机会深入观察这个人。如果一个人想到婴儿的权利是成长为人时，可怜的婴儿的诞生在他看来就是个喜剧；而如果一个人想到婴儿哭喊着来到了世界上，很长时间里他只会哭叫，甚至没有人能够理解这个婴儿的哭叫，婴儿的诞生在他看来就是一个悲剧。就是说，婴儿的诞生可以产生不同效果，以宗教的方式来看待婴儿的诞生是最为美好的，并且这种方式能很好地同其他方式统一起来。

至于你——你的确很钟爱可能性，因为我丝毫不怀疑你的好奇又懒散的心灵在窥视着这个世界，然而对孩子的看法在你那里一定引不起愉悦的结果。你的厌恶情绪自然可以归因于这一事实，即你只想拥有你可以控制的可能性。你愿像孩子们在黑暗的房间里等待圣诞树的显现那样期待着可能性，但孩子显然是一种非常不同的可能性，他是一种严肃的可能性，所以你几乎不会有耐心容忍他。然而，孩子们是幸运的。

一个人应该以极度的严肃性来思考他为孩子承担的责任，这才是正当的，如果他有时忘记了：这不仅仅是一种加于他的责任，而且也是一种赐福，是冥冥中的上帝在摇篮中放下的赠品，那么这个人的心灵既没有敞开通向审美之门，也没有敞开通向宗教情感之门。一个人越是深信孩子们是幸运的，他所必须克服的冲突就越少，他在保护婴儿合法地具有唯一宝物方面的犹豫就越少，因为是上帝给予了婴儿这一权利——婴儿是最美丽、最具审美力、最具宗教性的。

※智慧隽语※

婴儿的诞生可以产生不同效果，以宗教的方式来看待婴儿的诞生是最为美好的，并且这种方式能很好地同其他方式统一起来。

# 童　年

◎ （印度）泰戈尔

我从小吃的就很少，但不能说我少吃了身体就瘦弱。比起食量大的孩子，我力气大而不是小。我健康得可恶，想逃学逃不成，苦恼极了。折磨身体，照样不生病。一整天脚穿被水泡湿的鞋子，也不着凉感冒。秋天睡在露天凉台上，露水濡湿头发、衣服，嗓子眼里仍听不见咳嗽的动静。我从未出现消化不良之类的征兆。实在想逃学，只得对母亲撒谎说肚子痛得不行。母亲心中暗笑，未露出一丝忧愁的表情。她将仆人叫去，吩咐说："去，告诉家庭教师，今天不必上课了。"

我那位守旧的母亲认为，儿子旷几节课，学业不会有损失。假如我落到那些望子成龙的严厉母亲手里，送回学校自不待言，耳朵也少不得被拧几下。我母亲有时微微一笑，让我喝一口蓖麻油了事。生病在我一向是件乐事。偶尔发烧，家里人不说是发烧,而说身子有些热。于是请来郎中尼勒麦达巴。我那时还没有见过体温表。他摸摸我的额头,开出第一天的处方:吞一口蓖麻油,禁食。给我喝的水也很少,而且是开水。禁食后的第三天,吃的泡饭,喝的鱼汤,如同琼浆玉液。

我记不起发高烧是什么滋味。我从未患过疟疾,也未服过奎宁。泻药的王国里,只有蓖麻油。我身上未落下一块伤痕或疮疤。我至今不晓得什么叫麻疹、水痘。我的身体结实得近于顽固。如今的母亲想让孩子不得病,逃不出老师的手掌心,最好雇用波罗吉沙尔这样的仆人。既省医药费,又省伙食费,尤其是在掺假的机磨面粉和酥油盛行于市场的今天。

当年的市场上没有巧克力出售,只有一分钱一块的玫瑰芝麻糖。我不知散发着玫瑰香味的芝麻糖现在粘不粘孩子们的口袋,但确信它已羞惭地逃离显贵们的邸宅了。那一包包油炸米花,那便宜的方块芝麻糖如今在哪儿?这些零食还有人做吗?如果没有,也不会有人费力考证,重新挖掘它的制作过程了吧。

我每天傍晚听波罗吉沙尔讲格里蒂达斯改写的共有七章的《罗摩衍那》史诗故事。名叫莎吐姬的女孩复习了一会儿功课也来听故事。《罗摩衍那》中的说唱词,波罗吉沙尔拖腔带调地背得下来。他端坐在席子上,将格里蒂达斯抛到九霄云外,绘声绘色地表演:啊,出现了预兆。啊,凶兆,凶兆,大事不好!……他面带笑容,秃顶闪闪发亮,儿歌般的唱词,像清泉

童 年

汩汩流出他的喉咙。每行的韵脚铿锵有力，像敲击水下的卵石。唱着，唱着，就手舞足蹈起来，将听众引入故事的情境之中。

※智慧隽语※

  我每天傍晚听波罗吉沙尔讲格里蒂达斯改写的共有七章的《罗摩衍那》史诗故事。

# 让爱美的天性常在

◎ (美国) 雷切尔·卡森

儿童的世界新奇而美丽，充满惊异和兴奋。可是，对我们多数人来说，等不到成年，这种锐利的目光，爱一切美丽的和令人敬畏的事物的天性，就已经迟钝，甚至丧失殆尽，这真是我们的不幸。据说有一位善良的仙女主持所有儿童的洗礼。

假如我能对她有所影响，我倒想向她提个要求，请她赋予世间儿童以新奇感——无可摧毁、能伴随他们终身的新奇感——并使它成为万灵的解药，有了它，他们在以后的岁月里就会永远陶醉在新奇之中，不致产生厌倦感，不致徒劳地全神贯注于人为的虚假事物，不致脱离力量的源泉。假如一个儿童没有仙女的赏赐而要保持他天生的新奇感，他至少需要有一个能与他共享新奇感的成年人为伴，并且跟他一起不断发现我们生活的这个世界的一切欢乐、刺激和神秘。

## 让爱美的天性常在

做父母的常有力不从心之感，他们一方面要满足孩子那感觉灵敏而又急于求知的心灵，另一方面复杂的物质世界又使他们感到难于应付，这个世界的生活形形色色，他们自己都感到生疏，好像没有理出头绪、弄个明白的希望。他们自己先泄了气，喊道："我哪能教我的孩子认识大自然！啊，我连两只鸟都分辨不清楚！"

我真诚地相信，对于儿童及力求引导儿童的父母来说，感觉远比知识更为重要。如果说事实等于种子，以后会萌发知识和智慧，那么，激情以及感官得到的印象就等于是肥沃的土壤，种子离开它将无法生长。童年早期是准备土壤的时期。

一旦唤起了种种感情——美感、对新鲜事物和未知事物的兴奋感、同情心、恻隐之心、钦羡之情、爱慕之心——那么，我们就希望获得关于引起感情反应的事物的知识。而这种知识一旦获得，就具有深远的意义。为孩子的求知欲铺路，比像喂食似的规定孩子吞下他吸收不了的事实更为重要。

**※智慧隽语※**

我真诚地相信，对于儿童及力求引导儿童的父母来说，感觉远比知识更为重要。

# 哲学的萌芽

◻ （德国）卡尔·雅斯贝尔斯

一个孩子在听别人讲述世界是如何被创造出来的故事："开始的时候，上帝创造了天和地……，"这时他立刻追问："在开始之前又是什么呢？"显然，这个孩子已经意识到：问题是永无终了的，心灵是永无边界的，结论性的答案是永无可能的。

还有一个小女孩同她父亲在树林中散步，倾听她父亲讲述着小精灵们在夜晚的林间空地上跳舞的故事。小女孩说："但是，这儿并没有什么小精灵呀……"于是，她父亲将话题转向那些实在的事物。他描绘了太阳的运行，讲到究竟是太阳环绕地球还是地球环绕太阳的问题，然后又解释了地球为何是圆的，以及地球是怎样以地轴为中心而旋转……。"哦，那可不是这样的，"小女孩一边跺着脚，一边说道："地球根本不动。

我只相信我所看到的东西。""那么,"她父亲说:"你看不到上帝,你也就不相信上帝口罗。"小女孩迟疑了片刻,然后很自信地回答:"如果没有上帝,我们就根本不可能在这儿了。"显然,小女孩深为存在的神奇力量所感染,她相信:万物并非通过自身而存在。她还明白,在以世间某些特定对象为基础而提出的问题与那些依赖我们整个存在而提出的问题之间,存在着某种差别。

还有另一个小女孩正在上楼去看望她的姨妈。偶然间,她想到一切事物都在变化着,流逝着,消亡着,就好像它们从不曾有过似的。她自思自忖道:"不过,世界上一定有些事物是始终不变的……我正上楼去看姨妈——这件事是我永远不会忘记的。"显然,这个小女孩对于事物普遍的转瞬即逝性在她心灵中引起的惊讶和恐惧,表现了一种遁逃的无奈心理。

有时,人们会说,孩子们一定是从他们的父母或其他人那儿听来的。但是,这种看法显然不能适用于孩子们提出的那些真正具有严肃性的问题。如果有人坚持认为这些孩子以后不会再进行哲学探讨,因而他们的言论不过是些偶发之词,那么这种强词夺理就忽视了这样的事实:孩子们常具有某些在他们长大成人之后反而失去的天赋。随着年龄的增长,我们好像是进入了一个由习俗、偏见、虚伪以及全盘接受所构成的牢笼,在这里面,我们失去了童年的坦率和公正。儿童对于生活中的自然事物往往会做出本能的反应,他能感觉到、看到并追寻那些

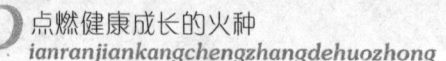

即将消失在他视野中的事物。然而，他也会忘记那些曾经显露在他眼前的事物，因而后来当别人把他曾经说过的话，以及他曾经提过的问题，告诉他时，他自己也感到诧异。

※智慧隽语※

　　偶然间，她想到一切事物都在变化着，流逝着，消亡着，就好像它们从不曾有过似的。

# 青　春

◎　（英国）赫兹里特

　　眼前的景物简直看也看不完，随着我们前进的步伐，新的事物更是层出不穷，所以在生命开始的时候，我们对自己的种种爱好并不加以限制，而且一有机会还要加以满足。这时我们还没有碰到障碍，也没有厌倦的情绪，仿佛一切可以永远照此下去。我们环顾四周，看见一个生机勃勃、不停运动、前进不已的新世界。我们觉得浑身都是干劲和精神，要和这个世界并驾齐驱，然而根据眼前的征兆还根本无法预见这样的情况，即按照事物发展的规律，我们将被抛在后面，逐渐进入暮年，最后掉进坟墓。正因为青春时期的单纯，仿佛感觉是处于茫然状态中（姑且这样说吧），所以我们就把自己跟自然等同起来，并且（由于经验不多，情感强烈）还自我欺骗，以为自己跟自然一样是永恒不朽的。我们天真地自夸：我们跟生存的短暂联系是不可分割的、永恒的结合——一种既没有冷淡、冲突，也没有分离的蜜月。像婴儿的微笑和安睡一样，我们躺在荒诞幻想的摇篮里被摇来摇去，听着周围世界的喧嚣，睡得安安稳稳——我们举起生命之杯，大口喝着，怎么也喝不完，反而越喝越多——各种事物从四面八方纷至沓来，围绕着我们，它们的重要性占据了我们的心，促使我们产生一连串期待中的欲望，所以没时间想到死。那样丰富多彩的生活，我们不可能一下子就变成尘土灰烬，我们无法想像"这有知觉、温暖的、活跃的生命化为泥土"——周围白日梦的光辉照花了我们的眼睛，因而瞧不见那黑森森的坟墓。我们看不见终点，正如看不见起点一样：起点完全消失在遗忘和空虚里，而终点则被匆匆来临的大量事件遮掩着。或者我们能看见无情的阴影在地平线上徘徊，而要追赶它，注定是办不到的；或者它那最后的、若隐若现的轮廓接近了天国，就带着我们升天！生命一旦掌握了我们，就决不允许我们的思想离开眼前的事物和追求，即使我们要那样做也办不到。还有什么东西比疾病更能反对健康？比衰退和瓦解更能反对力量和优美？比默默无闻更能反对积极求知呢？更没有任何占优势的东西能挡住死的降临，嘲笑死的威胁无用。什么地方出现威胁，什么地方就产生希望，希望就用面纱把所有突然终止的宝贵计划都掩盖起来。在青春的精神遭受损害,而"生命的美酒已经喝完"以前,我们就像醉汉或发烧病人那样,被强烈的感官所驱使,急匆匆地往前奔跑。

**※智慧隽语※**

我们天真地自夸:我们跟生存的短暂联系是不可分割的、永恒的结合——一种既没有冷淡、冲突,也没有分离的蜜月。

# 老之将至

◎ （英国）罗素

关于健康，由于我这一生几乎从未患过病，也就没有什么特别的忠告。我吃喝都随心所欲，醒不了的时候就睡觉。我做事情从不以它是否有益于健康为根据，尽管实际上我喜欢做的事情是有益于健康的。

从心理角度讲，老年需防止两种危险。一是过分沉湎于往事。人不能生活在回忆当中，不能生活在对美好往昔的怀念或对去世友人的哀念之中。人应当把心思放在未来，放到需要自己去做点什么的事情上。要做到这一点并非轻而易举，往事的影响总是在不断地增加。人们总认为自己过去的情感要比现在强烈得多，头脑也比现在敏锐。假如真的如此，就该忘掉它。而如果可以忘掉它，那你自以为是的情况就可能并不是真的。另一件应当避免的事是依恋年轻人，期望从他们的勃勃生

气中获取力量。子女们长大成人之后，都想按照自己的意愿生活。如果你还像他们年幼时那样关心他们，你就会成为他们的包袱，除非他们是异常迟钝的人。我不是说不应该关心子女，而是说这种关心应该是含蓄的，假如可能，还应是宽厚的，而不应该过分感情用事。动物的幼子一旦自立，大动物就不再关心它们了。人类则因其幼年时期较长而难于做到这一点。

我认为，对于那些具有强烈的爱好、其活动又都恰当适宜、并且不受个人情感影响的人们，成功地度过老年绝非难事。只有在这个范围里，长寿才真正有益；只有在这个范围里，源于经验的智慧才能不受压制地得到运用。

告诫已经成人的孩子别犯错误是没有用处的，因为一来他们不会相信你，二来错误原本就是人生中难以避免的因素之一。但是，如果你是那种受个人情感支配的人，你就会感到，不把心思都放到子女身上，你就会觉得生活很空虚。假如事实确是如此，那么当你还能为他们提供物质上的帮助，比如支援他们一笔钱或者为他们编织毛线外套的时候，你就必须明白，绝不要期望他们会因为你的陪伴而感到快活。

※ 智慧隽语 ※

对于那些具有强烈爱好、其活动又都恰当适宜、并且不受个人情感影响的人们，成功地度过老年绝非难事。

# 白首之心

（英国）乔治·吉辛

我太老了，生活习惯已经定型。我不喜欢坐火车，也不喜欢住旅馆。如果离开我的藏书室、花园和窗外的风景，我真会患思乡病。而且，我有一种恐惧：怕死在异乡，而不是死在自己的家里。

曾经魅惑过我们的地方，或是在回忆中似曾吸引过我们的地方，一般说来最好只在幻想中重游。我说似乎魅惑过我们，因为对于自己曾经留恋过的地方，我们的记忆经过了相当时间后，往往和当初得到的印象只有轻微的相似。那些事实上极为一般的赏心乐事，或那些受内心情绪与外界环境很大影响的乐趣，随后回忆起来，显得分外欢乐，或显得分外深切。

在另一方面，若是记忆不能创造幻象，而某些地方的名字又与生命中某个黄金时刻联系在一起，要想在再一次访问中重

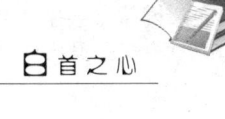

获过去的感受,那是一种鲁莽的想法。因为看到的景物并不是引起欢乐与宁静的唯一原因,无论那个地方多么可爱,无论那儿天空多么灿烂,这些外界事物并不足以使人心中快乐,只有作为一个人的基本要素的心灵激动时,才能得到快乐。

今天下午,我在读书时,我的思想开了小差,我发现自己在回忆着沙福尔克的山丘。

20年前仲夏的一天,走了一段长路后,我坐在那儿休息,昏昏欲睡。一种强烈的渴望抓住了我,我想立即出发,再找到那高高榆树下的地方。在那儿,我含着烟斗,从容吮吸,听得见周围金雀花的花荚在正午艳阳下裂开,劈劈啪啪地响。如果凭着这种冲动行事,我有什么机会重享我记忆中所珍藏的那一时刻的乐趣呢?

不,不,我所记忆的并不是那个山丘,而是那个生命的时刻。我能否梦想在同一山边,在同样的艳阳天吸着烟斗,就能尝到当时那种乐趣,或获得同样的安慰呢?我脚下的草皮会和当时一样柔软吗?大榆树的枝叶会那样愉快地隔开照耀其上的正午阳光吗?当休息时间过去,我会像从前那样跳跃而起,急于再次使出我的力量吗?

不,不,我所记忆的只是我早期生命的一个时刻,偶然地与沙福尔克的风景画面联系在一起。这个地方不复存在了,除了对于我之外,它永远也不存在了。我们的心灵创造了世界,纵使我们肩并肩地站立在同一片草地上,我的眼睛决看不到你所看到的一切，我心中的感受也决不会与你相同。

※智慧隽语※

　　曾经魅惑过我们的地方，或是在回忆中似乎曾吸引过我们的地方，一般说来最好只在幻想中重游。

# 两　条　路

◎ （德国）让·保尔

　　新年的夜晚。一位老人伫立在窗前。他悲戚地举目遥望苍天，繁星宛若玉色的百合漂浮在澄静的湖面上。老人又低头看看地面，几个比他自己更加无望的生命正走向它们的归宿——坟墓。老人在通往那块地方的路上，也已经消磨掉60个寒暑了。在旅途中，他除了有过失和懊悔之外，再也没有得到任何别的东西。他老态龙钟，头脑空虚，心绪忧郁，一把年纪折磨着老人。

　　年轻时代的情景浮现在老人眼前，他回想起庄严的时刻，父亲将他置于两条道路的入口——一条路通往阳光灿烂的升平世界，田野里丰收在望，柔和悦耳的歌声四方回荡，另一条路却将行人引入漆黑的无底深渊，从那里涌流出来的是毒液而不是泉水，蟒蛇到处蠕动，吐着舌箭。老人仰望昊天，苦恼地失声喊道："青春啊，回来！父亲啊，把我重新放回人生的入口吧，我会选择一条正路的！"可是，父亲以及他自己的黄金时代都一去不复返了。

他看见阴暗的沼泽地上空闪烁着幽光，那光亮游移明灭，瞬息即逝。那是他轻抛浪掷的年华。他看见天空中一颗流星陨落下来，消失在黑暗之中，那就是他自身的象征。徒然的懊丧像一支利箭射中了老人的心脏。他记忆起了早年和自己一同踏入生活的伙伴们：他们走的是高尚、勤奋的道路，在这新年的夜晚，载誉而归，无比快乐。

高耸的教堂钟楼鸣钟了，钟声使他回忆起儿时双亲对他这浪子的疼爱。他想起了困顿时父母的教诲，想起了父母为他的幸福所做的祈祷。强烈的羞愧和悲伤使他不敢再多看一眼父亲居留的天堂。老人的眼睛黯然失神，泪珠儿泫然坠下，他绝望地大声呼唤："回来，我的青春！回来呀！"

老人的青春真的回来了。原来，刚才那些只不过是他在新年夜晚打盹儿时做的一个梦。尽管他确实犯过一些错误，眼下却还年轻。他虔诚地感谢上苍，时光仍然是属于他自己的，他还没有堕入漆黑的深渊，尽可以自由地踏上那条正路。进入福地洞天，丰硕的庄稼在那里的阳光下起伏翻浪。

依然在人生的大门口徘徊逡巡，踌躇着不知该走哪条路的人们，记住吧，等到岁月流逝，你们在漆黑的山路上步履蹒跚时，再来痛苦地叫喊，"青春啊，回来！还我韶华！"

## 两条路

那只能是徒劳的了。

※智慧隽语※

  他虔诚地感谢上苍,时光仍然是属于他自己的,他还没有堕入漆黑的深渊,尽可以自由地踏上那条正路。

# 固定的震慑

◎ （英国）劳伦斯

我们必须选择生，因为生决不会强迫我们。我们有时候甚至根本不能选择，对死亦然。然后，生命再一次与我们同在，使人感到有一种温和的安宁。但我们最终可能会断然否认这种安宁，因此我们断无安宁可言。我们可能会完全排斥生活并最终排斥自己。除非我们将自己的意志支付给生命之流，否则，我们就是毫无生命的尤物。

如果一个人除了死别无选择，那么，死亡就是他的光荣、他的满足。如果他的不满和抵抗都是冷漠的，那么，冬天就是他的命运、他的真理。为什么一定要诱骗或威胁他去发表生的宣言？就让他去全心全意地宣告死亡，让每个人都去寻找自己的灵魂，并从中发现他的生命是急速地趋向生或是死，当他找到了以后，就让他自由行动，因为天下最大的痛苦莫过于谎言。如果一个人属于不可逆转的死亡之路，那么，他至少可以心满意足地去遵循这条道路。但我们不会将这称为安宁，在剧烈而美味的毒药中获得的满足与顺从自我满足的谦卑和安宁的真正自由之间有着天壤之别。安宁存在于我们接受生命之时，当我们接受死亡时，有一种和安宁相对应的无望，那就是沉寂和顺从。

生命不能打破固执己见的意志，死亡却做到了。死亡强迫我们，不给我们以任何选择。任何比较都是死亡，不是其他而是死亡。

对生命，我们必须放弃自己的意志，默认它并与它一致。如果我们兀自站立，我们将被排斥，被从生活中驱赶出去，生命的服务是自觉自愿的。

在生命与宗教的关系中已经发生了逆转。这似乎有点不那么现实，就像奇迹一样不十分可信，但事实上，从根本上说，这种现象是很自然的，它是我们的最高荣誉。我们知道，用我们的灵与肉的全部力量来执行死亡意味着什么，我们知道什么叫完成死亡的活动。我们已经把自己全部的灵与肉投入到制造死亡的发动机、死亡机构和死亡发明物之中。我们想迫使任何人从事死亡活动，我们想在一个巨大的死亡合唱中包围世界，不让任何东西逃跑。我们充满了强迫性的疯狂，我们的坚固的意志已经同强迫，同死亡的巨大发动机协调一致了。

可见，我们的基本存在已经显现。不错，我们的旗帜上公开地写着安宁,但不能让我们因为躺下而退化。死亡的威力震慑我们全身,已经在我们身上聚集了100年。对死的激情早在我们的父辈那儿就开始累积起来了,它一代一代地滋生,越来越强。在我们的内心,大家都必须承认这一点。

**※智慧隽语※**

我们知道,用我们的灵与肉的全部力量来执行死亡意味着什么,我们知道什么叫完成死亡的活动。

# 他人之死

◎ （奥地利）弗洛伊德

如果别人对自己不坏，文明人是不会谈论甚至想到让别人死亡的，除非他是一个以同死亡打交道为职业的医生、律师或者类似的人。如果他人之死会给自己带来自由、金钱、地位方面的好处，文明人更不会谈论这人的死。当然，我们虽然对死亡感觉敏感却仍无力捉住死神之手。当死神之手落下之时，我们在感情上会受到震动，仿佛我们完全被打垮了。于是，我们习惯于强调死亡的偶然性——事故、疾病、感染、衰老，这种习惯暴露了我们修正死的含义的努力，将必然性修改为偶然性。众多人同时死去对我们来说特别可怕。我们对死者采取了一种特殊态度，就像是向某个完成了特别困难任务的人表达敬意一样。我们对死者的评价往往也是扬长避短，提出这样的要求：对于死者宜隐恶而扬善。因而无论在悼词中还是在墓碑上，只写下对怀念者有利的话语，这似乎也是理所应当的。死者已不需什么尊敬，但在我们看来，对死者的尊敬比对真理的崇敬更为可贵，甚至胜过对生者的尊敬。

文明人这种惯常的对死的态度在自己心爱的人——妻儿、兄弟、姐妹、亲朋好友——死去的时候，达到了高潮。此时，我们往往痛不欲生，我们的一切希望、自尊、快乐都随着死者进入了坟墓，任何事情都不能给我们以安慰，任何东西都不能弥补爱人之死给我们造成的损失。这种行为表明，我们似乎也像阿什拉部族的原始人一样，心爱的人死去，自己也必须跟着死去。

我们对死亡的这种态度深深影响着我们的生活。如果我们不能在生活的游戏中孤注一掷，生活就会显得贫乏、毫无意义，平淡而肤浅。这正像美国人的调情一样，从一开始双方就知道，一切都会十分顺畅。这样的调情与欧洲大陆式的谈情说爱刚好形成对照。在欧洲大陆，谈情说爱的双方一开始就必须记住引起爱情的严重后果。我们易于受到感情的束缚，人死之后，往往悲痛欲绝。这使我们不愿意想到自己会有危险，也不愿设想同自己有关的人会遭到什么不幸。我们不敢从事带有危险性然而又是必须做的工作，诸如在空中飞行，远征他国，进行爆炸实验等等。我们不敢设想自己会遭到不幸，因为，如果灾难降临，谁能弥补母亲失去儿子，妻子失去丈夫，孩子失去

他人之死

父亲这样重大的损失?我们总是从一切事情中排除死亡,也随之排斥了很多别的东西。

**※智慧隽语※**

如果我们不能在生活的游戏中孤注一掷,生活就会显得贫乏、毫无意义,平淡而肤浅。

# 待己则诚

◎ （印度）克利希那穆提

如果你不知道自己，不知道自己思考的方法以及为什么要思考某些特定的事物；如果你不知道自己生活的背景，不知道自己为什么对艺术、宗教和你的国家、邻居以及你自己有某些特定的信念，那么，你怎么能够真正地思考任何事物呢？如果不知道你自己的背景，不知道你自己思想的实质以及这思想来自何处，那么，你的探究的确是完全无益的，你的行为也没有任何意义。

在我们能够弄清楚生命的最终目的是什么，战争、国家的对抗、冲突以及整个这一切意味着什么以前，我们必须先认识自己。难道不是吗？这听起来是如此简单，但其实是非常困难的。审视自己，了解自己是怎样思考的，必须特别地警惕。当人对自己的思想、反应和感情的复杂性开始有越来越多的警惕

时，他才开始有一种更大的认识。这种认识不仅是针对自己，而且针对那些与自己发生联系的人。认识自己就是从行为中研究自己，而这种行为就是社会关系。

困难对于我们是如此迫切，我们想要生活，想要达到一种目的，以致我们既没有时间也没有场合给自己研究、观察的机会。或者在维持生计、教养孩子这些各种各样的劳作中承担着义务，在各种各样的组织中担当某些职责，在不同的方面我们有如此多的责任，以致我们几乎没有时间去自我反省，去观察，去研究。因此，忽略的责任实际上在于自己，而不在于别人。你也许能漫步于整个世界，但最终必须回到你自身。而且，因为我们大多数人没有认识到自己，所以要清楚地了解我们的思想、感情与行为的过程是极端困难的。

认识自己越多，就会越清楚：自我认识是没有尽头的，你不会达到一种完成，也不会得到一个结论，它是一条无尽头的长河。随着人对自身的研究以及这种研究的逐渐深入，人才能获得安宁。只有当内心是安宁的——这种安宁只能通过自我认识而不是通过强加给自我的约束而获得，只有处身于安宁与静默之中，真实才能出现。只有到那时，你才能有巨大的幸福，有创造性的行为。没有这种认识与经验，仅仅读一些书，参加一些谈话，作一些演讲，我觉得是很幼稚的，它们只是一些行为，而没有更多的意义。反之，如果一个人能够认识自己，并因此带来富有创造性的幸福和对一些精神性事物的体验，那么，也许会使与我们直接有关的社会关系和我们所生活的世界产生改变。

※智慧隽语※

当一个人对自己的思想、反应和感情的复杂性开始有越来越多的警惕时，他才开始有一种更大的认识。

# 判 断 力

◎ （法国）蒙田

哲学的考察与反省只是好奇心的素材。哲学家正确地将我们交给自然规律，可是这些规律却与崇高事物的知识毫无共同之处。哲学家歪曲它们，往自然的脸上涂抹浓墨艳彩，使她面目全非。对一个不变的主题，怎么有那么多不同的肖像呢？自然赐予我们走路的脚，也赐予我们生活的智慧。这种智慧当然不如哲学家创造的智慧那么敏锐、健全，那么令人惊叹，却相当简单而有益，只要有什么要求，它都能妥善完成，每个人都十分幸运地懂得如何简捷正确地、自然而然地运用它。一个人对自然的依赖越单纯，就越明智。一个精明脑袋枕着的枕头不论多么柔软，多么令人惬意，多么益于健康，也只能是愚昧无知，索然无味的。我想通过自我研究了解自己，而不愿通过阅读西塞罗了解自己。经验告诉我，假如我是个杰出的学者，我的发现足以使我聪明。一个人，只要想想过去发怒时的暴躁，想想激动怎样使自己误入歧途，他就会看到自己那时的丑态比亚里士多德更甚，就会设想一个正直的人对此是如何深恶痛绝。一个人，只要回忆一下他曾遭受的苦难和威胁，回忆一下毫无价值的琐事怎样使他四处奔逃，他就会做好准备，应付未来发生的变化，推测即将遇到的境况。

　　我们真正所需的一切，主要将由自己告诉自己。如果一个人记得他有多少次判断失误，却从此不再怀疑自己的判断力，岂不是愚蠢透顶吗？我发现，如果别人论证出我错了，我从他提出的新的事实和我在这一点上的无知中——这是一个小的收获——不如从我的弱点和不可信赖的理解中获得的那么多。由此出发，我开始了一种整体的改造。对其他错误也是如此。经由这种方式，我的生活获益匪浅。我不认为人类和个人是我的绊脚石，我学会怀疑每一步，力图调整它们。知道某人说过或做过蠢事算不了什么，必须懂得，人只是傻瓜，这才是更全面、更重要的教训。

　　我的记忆经常失误，即便在记忆最为自信的时候。这种失误对我并非毫无裨益。现在这记忆徒劳地向我担保，我仍然向它微微地摇头。对记忆提出的最初异议使我产生怀疑，再不敢将重要的事情托付给它，也不敢在其他人的事情上为它作保。倘若不是因为健忘，不是因为别人缺乏真诚，我将始终从别人嘴里接受真理，而不是依靠自己。如果每个人都像我一样，真

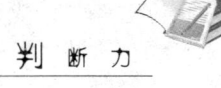

切地了解情感造成的后果及影响,他就能预料其来临,稍微抑制轻率的冒进。

※智慧隽语※

我不认为人类和个人是我的绊脚石,我学会怀疑每一步,力图调整它们。

# 梦

◙ （英国）考德威尔

为什么在梦中我们会允许自己去干一些在真实生活中我们耻于做的事呢？有两个因素的结合促成了梦中的道德松弛状况。人的遗传原型不但原始，而且兽性十足，所以意识的发展在本质上是外界的加工塑造，是对完整原木的雕刻。意识开始时是自我意识，是将自身与环境区分开来。但仅此还不能保障意识，这种自我意识在某种程度上是与意识相对立的，是纯本能的。只有当自我意识回归到环境，并通过经验给自身打上环境的印记时，它才意识到现实，意识到"他性"。这是一个社会过程。有内倾性，在梦中，环境渐渐消失，大部分现实世界也随之消失。我们趋于回到童年的内倾和幼儿自我意识初萌的状态。那时的"我"是一切，而外界只是朦胧的混沌。这不仅解释了梦何以常常重演往事，稚气十足，而且解释了对梦的分析为什么能在相当程度上揭示幼儿期经历的影响。当我们睡觉时，我们的面孔就变得孩子气起来。此外，虽然梦中的"我"十分重要，却是小的自我，因为社会生活是人实现自身的手段。梦中的"我"就像梦中的世界，只是部分地被社会化了。梦双重地脱离现实——既脱离外部现实也脱离内在现实。它并不与两方面完全断绝关系，但关系是松弛的。

依据梦境推演生活而不考虑两者的区别是错误的。这区别在于环境在生活中所起的更为积极的作用，而被人们有意识地感知理解的环境则是一种社会产物。我们生来只是遗传原型，是本能的动物。我们渐渐变得自觉，同时由于与环境相互作用，我们的本能产生适应性变化，这变化决定了我们幼年的意识，以及我们幼年的希望、渴求和目标。我们成长的过程，就是意识日渐丰富的过程，也就是说，我们幼稚的愿望更进一步地适应着环境。成年意识并不由我们婴幼期的意识决定，正如我们的意识不是由我们天生的遗传原型所决定一样。其中的差别取决于经验的差别，而经验的基础是由于我们生活在社会中，环境进一步渗透入我们的意识。我们生活了，因而发生改变。

※智慧隽语※

人的遗传原型不但原始，而且兽性十足，所以意识的发展在本质上是外界的加工塑造，是对完整原木的雕刻。

# 内在动机

◙ （美国）理查德·泰勒

凡做事不由自主的人，既没有罪过，也没有功德。不管用他自身的原因还是用他身外的原因来解释他的行为；不管用肉体的原因还是用所谓"精神"的原因来说明他的行为，也不管这些原因是近因还是远因，这都无关紧要。我是男人而非女人，对此，我并不负有责任。因而，对于我具备男性特点的气质、欲望、意图和理想，我也不负有责任。从来没有人问我这一切是否应该加于我的身上。同样地，有盗窃癖的人无法自制地从事偷盗；长期嗜酒的人不能自拔地一再破戒。甚至，有时候英雄的死亡也是出于不能自己的勇敢冲动。虽然这些行为的因素就存在于这些人自身之中，但是，这并未减少它们的强制性，而且它们的牺牲品也从未情愿受制于这些强制性因素。说这些因素是强制性的，只是说它们

强制人们行动,而说它们强制人们行动,只是说它们是人们这样行动的原因。因为,一件事物的原因一旦已产生,那结果就将不可避免地随之而来。而按照决定论的观点,一切事物都是有原因的,没有任何一件事物能够不成为它现在的状态。

也许有人会想,盗窃癖患者和酒鬼并非不可避免地要到这个地步,在另一种场合,他们也许不至于如此堕落,因此他们的结局也许可以比现在好一点。或者有人会想,英雄也可能表现得不好,结果成为懦夫。但是,这种想法只是表明思想者不愿深入了解促使上述这些人成为某种人的因素。由于我们已经发现他们的行为是由他们的内在动机引起的,所以我们不免要问,是什么原因造成了这些行为的内在动机?进而,我们还要问,造成这些内在动机的原因的原因又是什么?——如此追溯,以至无穷。

凭我们关于过去的那些零碎知识和肤浅理解,我们永远不可能知道为什么这个世界恰在此时此地产生了这个贼、这个酒鬼和这个英雄。但是,我们不应该根据我们知识的模糊性和肤浅性去想像自然本身也是一样的模糊。大自然中的一切事物,无论过去的还是现在的,始终是确定的,根本没有不明确的界限。大自然永远注定要把它已经创造的东西提供给人们,而不管我们对这些东西的起源了解得多么浅薄。因此,任何现存事物,还有任何人及其行为的终极责任,只能归于万事万物的第

一因（如果确有这样一个第一因的话），否则，这个终极责任根本无处归属（如果不存在第一因的话）。

※智慧隽语※

　　大自然永远注定要把它已经创造的东西提供给人们，而不管我们对这些东西的起源可能了解得多么浅薄。

# 责任的失落

◘ （美国）爱因·兰德

大多数人不顾条件地追求欲望，这就如同目标处于模糊的真空中，迷雾遮住了手段的概念。他们只在意识中不断重复"我希望"，然后停留在那里，等待着，似乎将一切都交给了某种未知的力量。

他们所逃避的是一种判断社会的责任。他们将世界看成是既定的。"对世界我无所作为"是这些人的基本态度，他们无条件地调整自己，以适应那些有所作为者的要求，而不管他们是谁。但是，自卑和自傲是同一心理状态的两个方面。这种心理自愿地、盲目地将自己置于别人的摆布之下，并有使别人成为自己主人的要求。

这种精神性自卑有许多显示的途径。例如，一个人想富裕，但从来也不考虑寻求什么手段、行动和条件来获得财富。

他把自己当作什么？一个对世界无所作为的人，而且，也没有人会给他好运。

一个女孩，希望有人爱她，但她不去思索爱是什么，爱需要什么价值，以及她是否具有被爱的德性。她把自己看成什么呢？她觉得爱是一种无法解释的喜欢，所以，她仅仅渴望爱，如果她得不到爱，她就会认为有人剥夺了她所拥有的爱。

一对父母，遭受了很深的痛苦，因为他们的儿子（女儿）不爱他们。但同时，这对父母又漠视、反对或企图损害他们子女的信仰、价值和目标，从来也不试图理解子女。对这个世界他们无所作为，也不敢挑战，事实上，他们不懂，孩子对父母的爱应是自发的。

有一个人，想找工作，但从来不考虑去工作需要什么本领，以及怎样才能做好工作。他把自己看成什么？他对世界无所作为。有人欠他什么？欠多少？一点。我认识一位欧洲建筑家，一天，他谈起去波多黎各岛的旅游。他以非常轻蔑的态度评论波多黎各岛人的居住条件。然后，他描述了使当地人享受现代居住设施的想法，包括拥有电冰箱和贴有瓷砖的浴室。我问："谁会买得起？"他似乎受到了伤害，用几乎发怒的语调说："噢，这不是我应操心的！建筑家的任务是设计建筑，让其他人去考虑钱的问题吧。"正是这种心理导致了"社会改革"、"福利国家"、"高尚试验"以及世界的沦丧。

对自己利益和生活责任的失落，同时也意味着对其他人的生活和利益责任的失落,即那些在某种程度上为他提供欲望满足的人。

**※智慧隽语※**

他们只在意识中不断重复"我希望",然后停留在那里,等待着,似乎将一切都交给了某种未知的力量。

# 德行的嫁妆

◎ （英国）休谟

当一个人反省内心，发现那些最骚乱的激情都已经变为正确的、和谐的，发现各种刺耳的杂音都已经从迷人的音乐中消失，那该是何等的欣慰！假如说沉思是如此可爱，即使就其单调的美而言；假如说它夺人心魄，即使它最美好的形式对我们并不适合。那么，道德美的效果又将如何？当它装饰我们的心灵，成为我们反思和努力的结果之时，它又将具有怎样的影响？

德行的酬劳在哪里？我们常常为它付出生命和幸福的代价，大自然又为这种重大的牺牲提供了什么作为报答？哦，大地之子啊，难道你们不知道这位圣洁女王的尊贵吗？当你们目睹她迷人的风姿和纯正的光辉时，莫非还真的想要一份嫁妆吗？不过我们要知道，大自然对人类的弱点一向是宽容谅解的。她从来不会让她宠幸的孩子一无所获，她为德行提供了最丰富的嫁妆，然而她小心提防，免得让利益的诱惑引起那些求爱者的兴趣，而这些求爱者对如此神圣超绝的美的朴素价值其实是漠不关心的。大自然非常聪明，她所提供的嫁妆只有在那些业已热爱德性、心向往之的人们眼中才具有吸引力。荣誉就是德行的嫁妆，就是正当辛劳的甘美报酬，就是加于廉洁无私的爱国者那思虑深重的头上或是胜利的勇士那饱经风霜的头上的胜利桂冠。有德之士靠着这种无比崇高的奖赏的提携，蔑视一切享乐的诱惑和一切危险的恐吓。当他想到死亡只能支配他的一部分时，就连死亡本身也失去了它的恐怖。不论是死亡还是时间，不论是自然力量的强暴还是人事浮沉的无定，他确信在人群中他会享有不朽的声名。

　　一定有一个支配宇宙的存在者，他用无限的智慧和力量，使互不调和的因素纳入正义的秩序和比例。且让那些好思辨的人们去争论吧，去争论这位仁慈的存在者究竟把他的关注扩展到多远的地方，去争论他为了给德性以正确的酬劳并让德性获得全胜，是否让我们在死后还继续存在。有德之士无需对这些暧昧的问题做任何抉择，他满意于万物的最高主宰向他指明的那些嫁妆。他无比感激地收下为他备下的进一步的酬赏。然而如果遭受了挫折，他并不认为美德就只是徒具虚名。相反，他正是把美德视为自己的报偿，他欣喜地感受造物主的宽宏大量，因为是造物主让他得以生存，并赋予他这样的机会，从而学会了一种极为宝贵的自制。

**※智慧隽语※**

哦,大地之子啊,难道你们不知道这位圣洁女王的尊贵吗?当你们目睹她迷人的风姿和纯正的光辉时,莫非还真的想要一份嫁妆吗?

# 见素抱朴

◎ （印度）克利希那穆提

没有朴素，一个人就不可能是敏感的——对树，对鸟，对山，对风，对我们周围世界所发生着的一切事物；如果一个人不是朴素的，那么这个人就不可能敏感到事物内在的暗示。我们大多数人是如此浅薄地在我们意识的表层上生活着。在那里，我们试图通过强制，通过戒律使我们的头脑变得简单，但是这种简单并不是朴素。

当我们迫使高级的头脑变得简单时，这种强制只能使头脑变得顽固，而不可能使头脑反应快、清醒和敏捷。要使头脑在整体上成为简单的，我们意识的全部过程将成为艰难的，因为决不能有任何内在的保留，必须有一种去发现，去要求进入到我们的生活过程中的渴望，这意味着要醒悟到每一个暗示、每一条线索；要意识到我们的害怕、我们的希望，而且要去调查研究，要从它们中获得越来越多的自由。只有这样，当头脑与内心真正成为简单的，而不是被外壳所缠缚时，我们才能够去解决我们所面临的问题。知识不会解决我们的问题。你也许认为，人死以后存在着灵魂的再生，存在着精神的延续。我是说你也许认为，而不是说你在体验。或者你确信这一点，但这不能解决问题。死亡不能依靠你的理论，或者依靠知识，或者依靠确信被解决。死亡要比这些更神秘、更深奥、更有创造性。

一个人必须具有重新调查研究所有这些事物的能力，因为只有凭借直接的体验，我们的问题才能被解决，而要有直接的体验，就必定要有朴素，这意味着领悟者必定具有敏感。精神已被知识的重量，被过去和将来压得迟钝了。只有看到我们的环境在不断地将有力的影响和压力强加给我们，精神才能够不断地使自己适应于现实。因此，纯粹的宗教信仰者绝不是那种穿上一件长袍，或缠上一块腰布，或靠一日一餐而生活，或已发过誓言要成为这样而不成为那样的人，而是一个精神上朴素的人，一个不去变成某种东西的人。这样的头脑是有接受新事物的非凡能力的，因为它没有任何障碍，没有任何害怕，没有任何要接近某些事物的欲望。所以它具有获得仁慈、真理或你渴望的东西的能力。

※智慧隽语※

如果一个人不是朴素的，那么这个人就不可能敏感到事物内在的暗示。

# 日日更新

◇ （法国）史怀泽

决定一个人本质和生命的理想以充满神秘的方式存在于他的心中。当他走出童年，它就开始在他心中发芽；当他充满青年人对于真和善的热忱时，它就开花结果。我们以后的收获，取决于我们的生命之树在春天的萌芽。

在生活中，我们应努力始终像青年那样思想和感受。像一个忠诚的顾问，这一信念陪伴着我的生活道路。我本能地防止自己成为人们通常所理解的"成熟的人"。

被应用于人的说法"成熟"，始终有些令我害怕。因为，与它同在的是些如此不和谐的词：贫乏、屈从和迟钝。通常，我们看到所谓成熟者的标志是：顺从命运的理性化。人们逐步放弃年轻时珍视的思想和信念，以别人为榜样追求这种命运理性。他曾信赖真理的胜利，但现在不再信赖了；他曾努力追求正义，但现在不再追求了；他曾信赖善良与温和的力量，但现在不再信赖了；他曾能热情振奋，但现在不能了。为了能更好地经受生活的惊涛骇浪，他减轻了自己生命之舟的负担。他抛弃了自认为是多余的财富，但扔掉的实际上是饮用水和干粮。现在他轻松地航行着，但却是一个受饥渴折磨的人。

年轻时，我曾听到大人的谈话，有些话深深地刺伤了我的心灵。他们在回顾青年时代的理想主义和热情时，只是将那看作似乎值得人们留恋的东西。同时，他们又认为放弃它是人对生命无能为力的自然规律。

从那时起，我害怕有朝一日我也会这样令人忧伤地回顾自己。我决心不屈服于这种悲剧性的理智。我已经试图实行我几乎是孩子气般的反抗中的誓言。榜样追求这种命运理性。他曾信赖真理的胜利，但现在不再信赖了；他曾努力追求正义，但现在不再追求了；他曾信赖善良与温和的力量，但现在不再信赖了；他曾能热情振奋，但现在不能了。为了能更好地经受生活的惊涛骇浪，他减轻了自己生命之舟的负担。他抛弃了自认为是多余的财富，但扔掉的实际上是饮用水和干粮。现在他轻松地航行着，但却是一个受饥渴折磨的人。

年轻时，我曾听到大人的谈话，有些话深深地刺伤了我的心灵。他们在回顾青年时代的理想主义和热情时，只是将那看作似乎值得人们留恋的东西。同时，他们又认为放弃它是人对生命无能为力的自然规律。

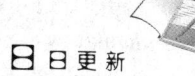

从那时起,我害怕有朝一日我也会这样令人忧伤地回顾自己。我决心不屈服于这种悲剧性的理智。我已经试图实行我几乎是孩子气般的反抗中的誓言。

成年人太喜欢在可怜的境况中卖弄,以使青年人明白:总有一天,他们会将今天极为珍视的一切东西看作只是幻想。但是,深沉的生活体验对青年人说的则是另一番话。它恳请青年人,在整个生命中要坚持鼓舞他们的思想,人在青年的理想主义中觉察到真理,因此他拥有了一笔无价之宝。

我们每个人必须对此做好准备,生活要夺去我们对善和真的信仰以及对它们的热忱。但是,我们并不需要听生活的摆布。付诸实施的理想,通常为事实所扼杀,但这并不意味着,理想从一开始就应该屈服于事实,而只是因为我们的理想不够坚定。理想不够坚定的原因在于它在我们心中不纯粹、不坚定。

※智慧隽语※

我们以后的收获,取决于我们的生命之树在春天的萌芽。

点燃健康成长的火种
Dianranjiankangchengzhangdehuozhong

# 道德进击者

◎ （苏联）苏霍姆林斯基

人的举止反映在动作和语言里，甚至反映在眼神中。语言是与心灵息息相关的，它既可以是娇嫩芳香的花儿，也可以是唤起对善的信念的"复活神水"；既可以是一把利刃、一块烧红的铁，也可以是一团泥。甚至在沉默不语的时候，语言会变成突如其来的行动，有时候，在那需要辛辣、直率、诚挚语言的地方，我们会遇到令人可怕的沉默，这是最卑鄙的行为——叛逆。

有时候情况正好相反：应该保守秘密的话，一讲出去也会成为叛逆。明智与美好的语言可以给人带来欢乐；愚蠢而恶毒、轻率而缺乏分寸的语言则给人带来灾祸。语言可以使人消沉，也可以使人振奋；可以中伤人，也可以治愈创伤；可以使人惊恐、绝望，也可以使人精神高尚；可以使人打消

疑团，也可以使人垂头丧气；可以使人发笑，也可以使人哭泣；可以激发对他人的信赖，也可以使人缺乏信心；可以鼓舞人去劳动，也可以使人的精神力量呆滞不前。凶狠的、不妥当的、缺乏分寸的随随便便的蠢话可以使人受到凌辱，使人痛心惊愕。

当你碰到的人希望你说话的时候，或者他迫切要求你保持沉默的时候，你要善于揣度和体察出来他的心意。有时候，只要你一句话，人家就可能将你当作一个蛮横无理、不学无术、夸夸其谈、光说大话的人。

要爱护、要怜惜人的易受感动和易受挫伤的特性。请你不要让自己的举动凌辱别人，使他痛苦、焦虑、惊慌不安。请你不要用自己的无知去播下对人善良本质不信任的种子。生活中恶劣的行径越多，道德根基不深、缺乏经验的人就越有理由对善良和正义的胜利表示怀疑。当人们不再重视恶劣行径的时候，犯错误的人就会不断增加，这就等于创造一个不利于培养人的环境：在这种环境里，像培养生物的培养基（用形象的话来说，培养高尚行为的主要根基）那样来培养道德觉悟，是根本不可能的。你应该能得出一条十分重要的生活准则：假如你对邪恶视而不见，甚至于用市侩哲学"这与我无关"来安慰自己，那你将在邪恶面前失去自卫能力。你越是想躲开邪恶，不跟邪恶作斗争，你就越会受到邪恶的攻击。因此，你应当做一个在道德上总是处于进击状态的人，做一个对邪恶毫不妥协的人，做一个不屈不挠的人！

※智慧隽语※

你越是想躲开邪恶，不跟邪恶作斗争，你就越会受到邪恶的攻击。

# 人间美德

◎ （法国）伏尔泰

你是否戒酒与我有何相干？你在遵守健康的原则，它将使你感觉良好，为此我祝贺你。你有信仰和希望，因此我更要祝贺你，因为它们使你永生。这些神学上的美德是上帝的礼物，这方面的美德是帮助并引导你发展的优秀品质，但在你的同胞看来，它们并不是美德。谨慎的人追求自己的利益，有美德的人为别人行善。圣保罗说慈善要比信仰和希望重要得多，他说得对。但请注意：我们是否真的应该认为只有那些对我们同胞有益的事才算美德？除此之外，我们能选择什么？我们生活在社会之中，只有对社会有益的才是真正对我们有益的。一个隐居者，他严肃而又虔诚，穿着动物皮毛做的衣服，这虽然很好，但他只是个圣人。只有当他做了一些让其他人受益的善事以后，我才会称他为有德行的人。只要他是独自一人，他就既不好也不坏，他对我们而言什么也不是。如果布鲁诺使一些家庭和睦，如果他帮助了穷人，他就是有德行的人。如果他独自一人禁食并祈祷，他只能是个圣人。人类之间的美德是慈善的交流，没有参加这种交流的人就不应该被考虑进去。如果这个圣人是生活在世上的，他无疑会行善。但只要他不是生活在人世间，世人不称他是有德行的人就是对的：因为他只对他自己有益，而不是对我们。

但你告诉我：如果一个隐居者是个贪食者、酒鬼，并且私下放荡淫逸，那他就是邪恶的。而如果他有相反的品德，他就是有德行的。我不能同意这一点。如果他有你提到的缺点，那他就是个卑鄙的家伙，但他不是邪恶的，社会不能惩罚他，因为他对社会无害。我们可以假设，他一旦回到社会，他将有害于社会，他将变成邪恶的人，这种可能性要比戒酒者和高雅的隐居者成为正直的人的可能性大得多：因为社会只能让人缺点增加，优点减少。

有人提出过强烈得多的反对意见：尼禄、教皇亚历山大六世和其他这类残忍的人都做过一些好事。我斗胆回答说，在当时他们是有德行的人。

一些神学家说神圣的皇帝马可·奥勒留是没有德行的人，因为他是一个固执的斯多葛派，他并不满足于命令别人，他还想受到人们的尊敬，事实是他自身也从对人类的行善中获益。他的一生都是为虚荣而正义、勤勉、行善。他的美德只是为了用来愚弄人类。对这些指责我要大声喊叫:"亲爱的上帝,经常赐给我们一些这样的恶棍吧?"

**※智慧隽语※**

人与人之间的美德是慈善的交流。没有参加这种交流的人就不应该被考虑进去。

# 道德责任

◇ （美国）爱因·兰德

如果人们将尘世中的生命作为善，如果人们通过与理性存在相适应的标准判断价值，那么，在生存需要和道德需要之间就没有冲突——在能够生活和值得生活之间也没有冲突。人们会通过得到第一个方面来达到第二个方面。但是，如果人们将抛弃尘世生活，将抛弃生命、思维、幸福和自我看成是善，那么，就存在着矛盾。根据反生命的道德，要使自己值得生活，那就要让自己无能力生活——要使自己能够生活，就会使自己不值得生活。许多捍卫传统道德的人回答说："但是，人们不必走极端。"这意味着："我们不希望人们是完全道德的。我们希望他们在生活中能暗自考虑自己的利益。我们毕竟承认人们必须生活下去。"

于是，对道德这种规范的捍卫就变成了这样的认同：即很

少有人会完全实践这种道德以自我毁灭。伪君子则反对这种坦率。那么，他们的自我尊敬又是怎样的呢？

他们告诉孩子，他应该本能地具有犯罪感，他的肉体是有罪的，思维是邪恶的，提问是对神的亵渎，怀疑是堕落。并且，他必须听从超自然的神的安排，因为，如果不这样的话，他将被永远打入地狱，受到煎熬。成年人会逃避到同性恋之中，因为，他（她）们被告知，性是有罪的，女（男）人只能被膜拜，而不能被欲望。商人们则受到焦虑的折磨，因为，他们被告知，富人要进入天堂，那是完全不可能的。精神病人也会绝望地放弃医治疾病的努力，因为，他（她）们总是听到这个尘世是悲惨的、肮脏的和充满厄运的，人不可能获得幸福或成功。

如果倡导这些理论要承担沉重的道德责任的话，那么，有一群人更需要承担道德责任：那就是心理学家和精神病专家，他们看到了这种理论的灾难，却仍然保持沉默，仍然不作任何抗议——他们声称哲学的与道德的问题与他们无关，科学不能作出价值判断——他们通过断定道德的理性原则的不可能，来失掉他们的责任，也正是他们的沉默，使得他们认可了人类的这种精神自杀。

**※智慧隽语※**

心理学家和精神病专家，他们看到了这种理论的灾难，却仍然保持沉默。

# 正当与否

◎ （美国）弗兰克纳

我提出，把两条原则——仁慈原则和公平分配的原则——看作我们正当与否理论的基本前提。对于这一前提的反对意见可能是：尽管正义原则不能从仁慈原则中得出，但仁慈原则却能从正义原则中被推导而来。因为，如果一个人既没有增加他人的善，也没有为他人减少恶（而当时他能够这样做，也不存在任何义务冲突），那么这个人就是非正义的。因此，正义包含着仁慈（在可能、同时又不存在其他考虑之约束的情况下）。

作为对这种反对意见的回答，我同意说在特定的情况下，从某种意义上说，仁慈是正当的，而不仁慈是不正当的。但却不同意将它们分别说成是正义的，或非正义的。所有正当的事并非都是正义的，所有不正当的事也并非都是非正义的。

乱伦，即便它是不正当的，却很难说它是非正义的；虐待儿童，如果涉及到不是对成人那样平等地对待他们，就可能是非正义的，同时也是不正当的；给他人以快乐可以是正当的，但不能将它们严格地说成是正义的。正义只是道德的一部分，而不是它的全部，那么仁慈可能属于道德的另一部分，我认为这才是公正的说法。就连穆勒也区分了正义与其他道德义务的界限，并将博爱和仁慈放在后者之中。当鲍西娅对夏洛克讲如下的话的时候，她也是这样做的：

倘若能以慈悲调剂着正义，

人间权力就无异于上帝的权力。

不过已经有人提出，严格地说，我们并不具有仁慈的责任或义务。从这一观点出发，仁慈被看作是可嘉许的和有德性的，但它并不是我们所说的道德责任。道德所要求我们的是正义、信守诺言等等，而不是仁慈。这里有一定的道理。甚至当人们可以采取，而实际并未采取仁慈的行为时，也不能说他们完全是不正当的。例如，不把自己的音乐会门票给别人，如果他对我的仁慈有一种权利，我不给他票才是真正的不正当，但他不可能永远具有这种权利。然而，仍然可以在"应该"一词更广泛的意义上说，我应该仁慈，甚至也许应该把我的票给其他更需要的人。康德提出了近似的观点，他认为，仁慈是一种"不完备"的责任。人应该是仁慈的，但他有权对行善的时机进行选择。在任何情况下，给别人带

来恶或痛苦肯定是不正当的,这显而易见。承认这一点,也就是承认了仁慈原则是部分正确的。

※智慧隽语※

道德所要求我们的是正义、信守诺言等等,而不是仁慈。

# 哲学家的歧途

◇ （英国）休谟

你爱你的孩子，因为他是你的；你爱你的朋友，理由也是一样；你爱你的国家，只以它同你的联系如何为度。如果将自我这个观念去掉，那就没有什么能打动你，你也就完全死气沉沉、麻木不仁了。而如果你在任何活动中老是只看到你自己，那只是由于虚夸，由于你想为自己求得名誉和声望。如果你承认这些事实，那么你对人类行为的说明我会乐于接受，这就是我对你的答复。

自爱展现于对他人的仁爱之中，你必须承认它对人类行为有巨大的影响，在许多情况下它甚至比那种原始的模样和形式影响力更大。否则，有家庭、孩子和亲友的人，为什么很少有人会不赡养不教育他们而只顾自己享乐呢？

的确如你所观察到的那样，这也许是从自爱出发的，因为人的家庭和朋友的诸事顺遂正是他的快乐和荣耀所在，或他自己的快乐和荣耀的重要方面。如果你也是一个这样自私的人，那你就会确信每一个人都有好的想法和善良意愿，那你就不至于在听到下面这个说法时感到吃惊：每个人的自爱，包括我的自爱，会使我们倾向于为你服务，说你的好话。

照我的看法，使那些坚持人性自私的哲学家走入歧途的有两件事：第一，他们发现每个善良或友爱的行为都伴随着某种隐秘的愉快。由此，他们得出结论说，友谊与美德不可能是无私的。但这种看法的谬误显而易见，因为是善良的情感或热情产生了愉快，而不是从愉快中产生了善良的情感。我为朋友做好事时感到愉快是因为我爱他，而我并不是为了愉快才去爱他。

第二，哲学家们总能发现有德之人远不是对赞扬抱无所谓态度的，因此就将他们描绘成一些虚荣心很强的人，说他们一心想得到的就是别人的称赞。但这也是一种错误的看法。如果在一个值得赞许的行为里我们发现了某些虚荣的气息，根据这一点就贬损这个行为，或者将它完全归结为追求虚荣的动机，那是很不公正的。虚荣心同其他情欲不同，如果表面的善良行为里实际上有贪婪和报复的打算，我们很难说这些打算在伪善行为里究竟占有多大比重，只能很自然地假定它就是唯一的动机。但是虚荣心同美德却可以紧密相随，喜欢得到做好事的名声与做好事本身是非常靠近的，所以这两种情感容易混在一起，甚于同其他任何情感的关系，爱做好事而一点不爱赞扬几乎是不可能的。因此，我们发现这种光荣感永远会按照心灵的特殊兴趣和气质以曲折变化的形式存在于人心之中。

**※智慧隽语※**

　　如果你在任何活动中老是只看到你自己，那只是由于虚夸，由于你想为自己求得名誉和声望。

# 自然秩序

◎ （印度）克利希穆尔提

对于生活上的许多事情，你是否曾关心过为什么我们大多数人是相当邋遢的——我们的衣服、我们的生活方式、我们的思想、我们做事情的方法是那样的邋遢？为什么我们不守时，而且那么不替别人着想？而又是什么给每一件事情——我们的服装、我们的思想、我们的谈话方式、我们走路的姿势、我们对待那些不如我们幸运的人的方式——带来了秩序呢？是什么带来了那种没有强迫，没有计划，没有蓄意的心理活动而出现的难以理解的秩序呢？你是否曾考虑过它们？你知道我所谓的秩序是指什么吗？它是安然地不是被迫地就座，是文雅地而不是狼吞虎咽地进食，是悠闲的而且也是准确的，在一个人的思想中是清晰的而且也是开拓性的。是什么带来了生活中的这种秩序呢？这真是非常重要的一点，我认为，如果人能被引导着

自然秩序

去发现产生秩序的因素,那将具有巨大的意义。

的确,秩序只有通过善才能出现。因为,除非你是善良的,不仅仅是在大事上,而且是在所有的事上善良,否则你的生活会变得混乱,难道不是吗?成为善良的人,这本身几乎没有任何意义。但因为你是善良的,所以在你的思想中存在着精确性,在你整个生命中存在着秩序,这就是善的作用。

但是,当一个人试图成为善良的人,当你训练自己成为仁慈的、有能力的、有思想的、能替他人着想的人,当你努力不去恨人们,当你把自己的精力花费在建立秩序的试图中,花费在成为好人的奋斗中时,会发生什么呢?你的努力只能导引出那种带来精神平庸的体面,因此你不是善良的。你曾非常仔细地看过一朵花吗?它的所有花瓣的精致是多么令人感到惊讶,而且它还有一种特别的娇嫩、一种芳香、一种秀丽。现在,当一个人试图成为有秩序的时候,他的生活或许是非常精确的,但它已失去了像花所拥有的那种只有当不存在任何努力时才会出现的优雅品性。因此,我们的困难在于要不努力地成为精确的、明晰的和高贵的。

※智慧隽语※

你曾非常仔细地看过一朵花吗?它的所有花瓣的精致是多么令人感到惊讶。

# 童　年

◎（德国）叔本华

我们在童年时，经常想入非非，欲望也有限，因而最不易被意志所撩动。这样，我们真实本性的绝大部分都被认知所占据。我们的智慧虽然还未成熟，但同要到7岁左右才定型的大脑一样，它的发育是相当早的。它在生存的整个世界中不倦地寻求滋补，而这个世界那时还年轻、新鲜，万物都散发出天真烂漫的气息，结果使我们的童年岁月宛如一首无尽延伸的诗。因为诗歌作为艺术之灵，它的根本性质，就在于在万物的个体性中领悟到柏拉图式的理念，领悟到整个人类的起因。因此，万物皆具理念之光，从一物可见出万物之巧。我们在童年的漫游中，没有任何清楚的目的，悄悄地关注着生活本身的根本性展露的事件和场景，观照着生活的基本形态和模式。我们像斯宾诺莎所说的那样，"以永恒的神圣视野"看物，看人。我们越是年轻，就越会发现特定事物中表现出的整体类型和家族。随着年龄的增长，这一点日趋衰微。这也说明为什么事物在我们年轻时令我们产生的印象，与我们老年时获得的印象有天壤之别。

我们世界观的根基深浅，都是童年时确定的。这种世界观在后来可能会更加精致和完善，但发生根本改变是不可能的。与其说小孩是意志的存在，毋宁说他是认知的存在。因此，在许多孩子的眼中，都可以看到严肃沉冥的神光，这一点，拉斐尔曾得心应手地运用于他的绘画，尤其是表现在《西斯廷圣母》这幅画中的小天使身上。正是由于这个原因，童年时光是如此的美妙，以致每当追忆起来时，人人眼中都伴有一种渴念之情。

我们的价值，无论是道德方面，还是智慧方面，都不是完全由外部得来，而是出自我们深藏着的自我本性。教育学不可能让一个天生的笨伯变为一个思想家，决不能！生为笨伯，他必有笨伯的一死。由此看来，对外部世界作直观感受式的深刻把握，可以解释为何我们童年的环境和经历会在我们的记忆中产生如此坚实的印象。所以，我们完全沉浸在周围的环境中，没有任何东西能使我们三心二意。我们把我们眼前的一切事物都看作是这类事物的唯一代表，甚至唯一存在的东西。

※智慧隽语※

我们越是年轻，就越会发现特定事物中表现出的整体类型和家族。

# 少 年 时

◇ （英国）罗素

当我快满 14 岁的时候，我的思想转向了神学。在以后的四年中，我先后摒弃了自由意志、永生和对上帝的信仰。在那个过程中，我相信自己是非常痛苦的，虽然在那个过程完成之后我发现那时的自己比处在怀疑中的自己快乐得多。当我反省的时候，我相信自己的不快乐来自寂寞的成分多于来自神学上的困扰，因为在整个四年中，我不曾与任何人谈及宗教，除了一个未知论者的家庭教师。他不久被打发走了，我猜想也许是因为他曾经鼓励我的非正统思想。

我一直保守缄默，因为怕别人笑我。14 岁的时候，我深信伦理的基本原则该是增进人类的幸福。最初，我认为那是无需证明的，而且假定那必然是普遍的观念。然后我讶地发现那种观点是被认为非正统的，而且被称为实利主义。于是我宣言自己是实利主义者，无疑地我曾对那个长长的词感到一份骄傲。但是那种宣称只给我带来了嘲笑。在一段很长的时间里，祖母不曾放弃任何机会以讽刺的态度向我提供一些伦理方面的双关语，而且要我按照实利主义的原则寻求解答。后来，当我准备安伯雷家谱的时候，我惊奇地发现祖母也曾经向我的一个叔叔提出同样的双关语，当然是在他年轻的时候。于是我决定泄露我的思想。无疑的，我叔叔也曾经那样。嘲笑，名义上是有趣而实际上是敌意的表现，是对付年轻人的最坏的武器，即使不是残酷的武器，而那种武器却是为人们所喜爱的。当我开始对哲学产生兴趣的时候——由于某种原因，哲学是被诅咒的东西——人们告诉我整个的哲学可以用下面的双关语加以总结："心灵是什么？——不是物质。物质是什么？绝不是心灵。"（在英文中，"不是物质"和"绝不是心灵"又可解释为没有关系，或不要介意，所以上面的两个问题的回答又可译为：心灵是什么？——无关紧要。物质是什么？——不要介意。）这句话被人重复了十几次的时候，就不再有趣了。然而，关于大多数的论题，气氛仍然相当自由。比如说，达尔文主义被认为是当然的。我13岁的时候曾经有过一个正统派的瑞士籍家庭教师。由于我说了某一句话，他一本正经地说："假如你是达尔文主义的信徒，我怜悯你，因为一个人不能同时是达尔文主义者和基督徒。"那时我并不相信二者的不可共存性；但是假如

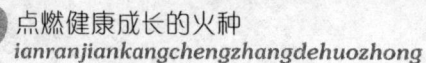

我必须选择的话,我会选择达尔文。

※智慧隽语※

当我反省的时候,我相信自己的不快乐来自寂寞的成分多于来自神学上的困扰。

# 不 朽 感

◎ （英国）赫兹里特

  生命从开始到结束的这种变化一旦发生，这看来就好像是一个寓言。变化尚未开始之前，不把它看作幻想还能当成什么呢？有些事情发生在很久以前，有些地点和人物我们从前见过，如今只留下模糊的痕迹，我们不知道，这些事发生时，生命处于昏睡还是清醒状态。这些事宛如人生中的梦境，记忆面前的一层薄雾、一缕青烟。我们试图更清楚地回忆时，它们却完全躲开我们的注意。所以，十分自然，我们要回顾的那段孤独的时间竟是非常漫长而无穷无尽的。另外一些事则非常清晰和鲜明，仿佛是昨天刚发生的——它们那样生动逼真，竟可以看作生命永存的保证。因此，无论我们的印象可以追溯多远，我们发觉其他事物仍然要古老些（青年时期，岁月是成倍增加的）。我们读过的那些环境描写，我们时代以前的那些人物，

## 点燃健康成长的火种

普里阿摩斯和特洛伊战争,即使在当地,已是老人的涅斯托尔仍高兴地念念不忘自己的青年时代,尽管他读到的那些英雄早已离开了人间——我们既然可以在心中想像出这么一长串相关的事物,仿佛它们可以起死回生,那么我们就不由自主地相信这段不确定的生存期限属于我们自己,这事还有什么可奇怪的呢?彼得博罗大教堂有一座苏格兰女王玛丽的纪念碑,我小时常去观看,一边看,一边想像当时的各种事件和此后所发生的种种事情。如果说这许多感情和想像都可以集中出现在转瞬之间的话,那么人的整个一生还有什么不能被包容进去呢?老。在我们热爱的事物上,我们充满着新的希望,这一来我们又会出神,失去知觉,永远不朽了。我们不明白内心里某些感情怎么竟会衰颓而变冷。所以,为了保持住它们青春时期最初的光辉和力量,生命的火焰就必须如往常一样燃烧,或者毋宁说,这些感情就是燃料,能够供应神圣灯火点燃"爱的璀璨之光",让金色彩云环绕在我们头顶上!

无论我们的印象可以追溯多远,我们发觉其他事物仍然要古老些。

我们是过去时代的后裔,我们期待着未来——这就是回归自然。此外,在我们早年的印象里有一部分经过非常精细的加工后,看来准会被长期保存下去,它们的甜美和纯洁既不能被增加,也不能被夺走——春天最初的气息、浸满露水的风信子、黄昏星的微光、暴风雨后的彩虹——对这些只要能充分享

受，那我们一定还年轻。这方面有什么能将我们改变呢？真理、友谊、爱情、书籍也能抵御时间的侵蚀。我们活着的时候只要有了这些就可以永不衰老。在我们热爱的事物上，我们充满着新的希望，这一天我们又会出神，失去知觉，永远不朽了。

我们不明白内心里某些感情怎么竟会衰颓而变冷。所以，为了保持住它们青春时期最初的光辉和力量，生命的火焰就必须如往常一样燃烧，或者毋宁说，这些感情就是燃料，能够供应神圣灯火点燃"爱的璀璨之光"，让金色彩云环绕我们头顶上！

**※智慧隽语※**

无论我们的印象可以追溯多远，我们发觉其他事物仍然要古老些。

# 生命的阴影

◎（法国）安德烈·莫洛亚

一天，司汤达在他的腰带上写道："我快50岁了。"然后，又仔细地将他热爱过的女人的名字一一列在单子上。虽然，他比世界上许多别的男人更成功地用珍贵的钻石首饰来打扮她们，可是，这些女人还是显得很平庸。20岁时，他曾为自己的爱情生活梦想过许多理想的奇遇。由于他对爱情的敏感和极重感情，他的这些想法是无可非议的。可是，他心中的偶像却一个也没有来到他的身边。他只有在他的小说里，在他自己创造的人物中，才见到了他梦想的女人。穿越生命的阴影时，司汤达为以前没有遇到，今后也不可能遇到的爱人哭泣。

"我刚过50岁。"我们的作家这样想。他做了些什么？表达了什么思想？在他看来，要说的话太多了，他刚刚想出

自己该写的书。然而,他还能工作几年呢?心脏跳动已不再那么有力,晚上一看书,眼睛就难受。10年?15年?"艺术长久,生命短暂。"这句从前他认为正确而平淡的警言,忽然间充满了哲理。他能否像普鲁斯特那样,有闲暇去《追忆逝水年华》呢?

衰老是比苍苍白发和道道皱纹更可怕的一种感觉,它使人感觉一切都为时过晚,时光永远消逝,生命的舞台从此将属于下一代。衰老最大的悲哀不是身体的衰弱,而是心灵的冷漠。在穿过生命阴影的过程中,行动的愿望消失了。在经历了50年的磨难与失望之后,我们还能继续保持青年时代那种好奇心、那种求知欲、那种对新生事物所抱的宏伟的希望、那种毫无保留的爱、那种确信真、善、美自然统一的想法和对理性力量的信心吗?

在生命阴影的另一头,思想进入一个光线柔和稳定的领域。希望之光再不会使你眼花缭乱,你会客观地看待人间的事情。当你爱过一个漂亮女人之后,你怎么还会相信虚荣的女人们具有良好的品德?当你在艰难的一生中,发现没有任何深刻的变化能战胜人的本性,只有最古老的习俗和陈旧的仪式抑制着文明的产生,你怎么会相信人类会进步呢?老人会这样想:"这又何必呢?"这也许是他最危险的口头禅,因为说完:"何必要斗争呢?"之后,他有一天就会说:"何必要走出家门呢?"再接着就是:"何必要起床呢?"最后，他就该说："何必要活着呢？"这样就敲开了死亡的大门。

※智慧隽语※

在生命阴影的另一头，思想进入一个光线柔和稳定的领域。

# 钟　　面

◇ （捷克）米兰·昆德拉

必须懂得生活的钟面：

一直到某个时刻，死亡还是十分遥远的事情，因此我们对它漠不关心。它是不必看的、看不见的。这是生活的第一阶段，最最幸福的阶段。随后，我们突然看到死亡就在我们面前，驱也驱不走。它始终和我们在一起。不过，既然不朽和死亡难分难解，那么我们也可以说，不朽始终和我们在一起。我们刚发现它的存在，我们就开始不遗余力地关怀它。我们为它定做一件无尾长礼服，为它买一条领带，生怕由别人来为它选择上装和领带，选择得不好。这就是歌德决定写他的回忆录《诗与真》的时候，也是他邀请忠心耿耿的埃克曼到他家里来，允许他写《歌德谈话录》的时候。这个谈话录也是一幅在画中人亲切的监督下画成的美丽的肖像画。

# 点燃健康成长的火种

当一个人睁眼就看见死亡生命的第二阶段以后，接着是最最短暂、最最秘密的生命的第三阶段。关于这个阶段的事情，人们所知甚少，而且并不谈及。人们精力衰退、劳累不堪、气息奄奄。劳累是从生命之岸通向死亡之岸的无声桥梁。死亡近在咫尺，人却懒得再去看它。像从前一样，它是不必看的、看不见的。不必看的，就像一些司空见惯、屡见不鲜的东西一样。疲惫的人从窗户看出去，注视着一棵棵树的叶子，他在心中默诵这些树的名字：栗树、杨树、槭树。这些名字就像它们代表的形体那么美。杨树高大挺拔，就像一个举臂向天的运动员，也可以说像一股凝定了的窜向天空的火焰。杨树，啊，杨树。不朽是一种微不足道的幻想、一个空洞的字眼、一丝人们手持捕蝶网追赶的气息，如果我们将它和疲惫的老人看到的窗外的美丽的白杨树相比的话。不朽，疲惫的老人根本不再去想它了。

※智慧隽语※

劳累是从生命之岸通向死亡之岸的无声桥梁。

# 逝者如斯

◎ （塞尔维亚）伍里采维奇

我从母亲那儿学会如何工作，并憎恶懒惰。她常说："时间就是永恒……人们荒废时间就是荒废永恒。"她还常说："在这世界上没有什么美好的东西，也许时间就是我们拥有的唯一美好的东西。让我们别荒废它吧……谁能知道明天会发生什么事呢。"

时间！然而，这个词意味着什么？我们诞生，我们活着，我们死去，并且认为这一切都是按时发生的，仿佛时间是某种巨大、崇高、宽广和深邃的东西；仿佛它是一个无边无际的天体，包容着一切发光的世界，包容着生命和死亡，而这个地球像是蓝色的大海，无数的鱼在其中相聚相依，同泳同游。我们把已经做过的一切叫作过去；把正在做的一切叫作现在；而我们将要或试图去做的一切则称之为未来。而所有这一切都在我们身内,不在我们身外。过去的存贮在我们的记忆中,现在的正吸引着我们的注意力,而将要来的则包容在我们的希望和期待之中。

我们总是在期待着什么,我们的生命就是在期待中耗费掉了。我要说,生命本身就是一种期待。我们认为某个时刻将会到来,而且一定会到来,那时我们的期待将会实现。在某种情况下,满足和实现我们的希望似乎依赖于时间;在另一些情况下,我们坚定地相信并且确认,时间依赖于我们,而我们并不能使它缩短或延长。

我们将时间分为时代、世纪、年代,并给这些虚构的划分取了名字,将它们看作是某种真实的存在于它们自身之内并独立于我们的意识之外的某种东西。我们相信我们真正度量了时间,而实际上在我们的意识之外并不存在什么东西。在我们的书籍之外也不存在什么东西,在书中我们写下了我们的思想、我们的谬见和我们的空虚的言辞。时间在其自身中什么也不是,它不是实在,不是实体,而是人的思想、观念,书中的一个词,石头上的一道刻痕。

亲爱的死去的母亲,当你说:"时间就是永恒……人们荒废时间就是荒废永恒",或许你说出的是一个巨大的真理,或许你的朴素的思想(并非自觉自愿)所要达到的不是哲学家,而是父亲!一个人在他的民族中是个伟人,在上帝面前也是正直的,他也许会这样祈祷:"教我们计算我们的日子吧,这样

## 逝者如斯

我们就有可能使我们的心灵专注于寻求智慧。"

我注意到在天才和头脑简单的人之间有某种相似之处,他们都能够显示真理:前者通过理性的力量得到它,后者则通过他们的心和爱。而庸人并不是真正的人。

**※智慧隽语※**

我们认为某个时刻将会到来,而且一定会到来,那时我们的期待将会实现。

# 人的信念

◎ （苏联）邦达列夫

我们恐怕不能解释，为什么给人的期限不是 900 年，而是 70 年，为什么青春是如此闪电般迅速和短暂，为什么衰老又是如此漫长。我们也无法找到回答：有时善与恶就像原因和后果一样是不能分离的。无论这是多么痛苦，但是却不值得去重新评价人对自己在地球上的位置的理解——大多数人都没有被赋予去认识生存意义，认识自己生命意义的能力。一定得度过赋予你的生命的期限，才有根据说你生活得正确与否。怎样按别的方式思考这个问题呢？是用可能性和教益性的命中注定的抽象思辨吗？

但是人总是不愿意承认他只是地球这粒尘屑中极微小的一分子，从宇宙的高度是根本看不见他的，而且他不能认识自己，因而粗鲁地深信他能了解宇宙的秘密和规律，当然也

人的信念

就能使它们服从自己日常的利益。

　　人是否知道,他是被命中注定要死亡的?……这个令人不安的想法仅是偶尔在他意识中闪现,他总是在摆脱这个想法,他自卫,以希望聊以自慰,总想着:不,那不祥的、不可避免的事情不会在明天发生,还有的是时间,还有10年,5年,2年,1年,还有几个月……

　　人们不想和生命分手,虽然大多数人的生活并不是由巨大的痛苦和巨大的欢乐所组成,而是由劳动的汗味和简单的肉体满足所组成。但在这一切的同时,许多人却是以无底的塌陷将他们相互分隔开来,只有经常会折断的爱和艺术的细竿有时会将他们联结到一起。

　　但是由清醒的理智和想像所产生出来的人类意识终究包含着整个宇宙,包含着它星星般发出的种种神秘的冰凉的恐怖,也包含着人的诞生及短暂生命的具有规律的偶然性悲剧。但即使这样不知为什么也没有引起绝望,也没有使他的行为具有毫无意义的枉然感,这就像聪明的蚂蚁总是不停止它们孜孜不倦的工作,显然,它们是为了让工作有用而操心。

　　人似乎觉得他在地球上有至高无上的权力,所以他确信他是不朽的。他长期以来一直没有想到,夏天会变为秋天,青春会变成衰老,甚至最亮的星星也会熄灭。在他的信念里的是运动、能量、行为和热情的动力,而在他的傲慢里的是

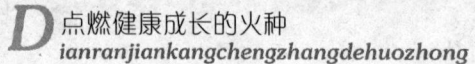

观众轻率，他深信生活的影片将会不断地持续放映下去。

※智慧隽语※

人们不想和生命分手，虽然大多数人的生活并不是由巨大的痛苦和巨大的欢乐所组成。

# 生 之 意 义

◎ （英国）毛姆

如果死亡终止一切，如果我既无死后有福的希望，又不怕祸患，那么我必须问自己，我到这个世界上来干什么，既来了，应该如何为人。

这些问题中，有一个问题的回答很简单，可是这回答太令人扫兴了，大多数人都不愿承认。那就是：人生没有道理，人生没有意义。我们在这里，是在一颗小行星上作短暂的居留，这颗小行星绕着另一颗小星旋转，而那颗小星又是无数星系中的一颗。也许只有我们这颗行星上能有生命。或者在这宇宙的其他地方，别的行星可能已经在形成一种适合于某种物体生存的环境，可能正是这种物体经过亿万年漫长的时间逐渐生成了今天的我们这些人。

倘若天文学家们告诉我们的是真的，这个行星有一天会变成这样一种情况：到时候所有生物都将不能在它上面生存，最后宇宙将到达那终极平衡阶段，一切归于静止。而人，在这情况到来的亿万年以前早已不复存在了。那个时候，他是否曾经存在过，可能设想有什么意义吗？他将已成为宇宙史上的一章，犹如记述原始时代地球上生存过的奇形巨兽的生活故事的一章，同样毫无意义。

于是我必须问我自己，这一切与我有什么关系。另外，如果我尽量利用我的一生，从中得到最大的好处，我又该如何对付这个世界？这不是我在说话，这是我心中的渴望在说话，这是每个人心中都有的，渴望坚持自己的存在。这就是自我主义。我们大家从来不知多少年以前开始使一切活动起来的那种古远的能力是从哪里继承下来的。它是每种生物保持生存的自我执著所必需的，它使它们活着。这是人的根本。它的满足就是斯宾诺莎所说我们所能希望达到的最高极限——自我满足，"因为人们保存自己，并没有任何目的"。

我们可以设想，精神在人体内发光，是让人用以应付周围环境的。经过千秋万代，它还只发展到仅能应付实际生活的一些主要问题。可是在那漫长的岁月中它似乎终于超越了他的直接需要，随着想像力的发展，人将他的环境扩大到了肉眼看不见的事物。我们知道他当时是用什么回答来满足他给自己提出的问题。在他体内燃烧的能力是那么强烈，他不可能怀疑自己的巨大力量。他的自我主义是无所不包的，因而他无从设想自己毁灭的可能性。这些回答至今使许多人感到满意。它们使人生有意义,给人的虚荣心带来安慰。

※智慧隽语※

如果我尽量利用我的一生,从中得到最大的好处,我又该如何对付这个世界?

# 生之不同

◎ （丹麦）勃兰克斯

这里有一座高塔，是所有人都必须去攀登的。它至多不过有100级。这座高塔是中空的。一个人一旦达到它的顶端，就会掉下来摔得粉身碎骨。但是任何人都很难从那样的高度摔下来。这是每个人的命运：如果他达到注定的某一级，预先他并不知道是哪一级，阶梯就从他的脚下消失，好像它是陷阱的盖板，而他也就消失了。只是他并不知道那是第20级或是第63级，或是哪一级。他所确实知道的是，阶梯中的某一级一定会从他的脚下消失。

最初的攀登是容易的，不过很慢。攀登本身没有任何困难，而在每一级从塔上的瞭望孔望见的景致是足以赏心悦目的。每一件事物都是新的。无论近处或远处的事物都会使你的目光依恋流连，而且瞻望前景还有那么多的事物。越往上走，

生之不同

攀登越困难，目光不大能区别事物，它们看起来都是相同的。同时，在每一级上似乎难以有任何值得留恋的东西。也许应该走得更快一些，或者一次连续登上几级，然而这是不可能做到的。

通常是一个人一年登上一级，他的旅伴祝愿他快乐，因为他还没有摔下去。当他走完10级登上一个新的平台后，对他的祝贺也就更热烈些。每一次人们都希望他能长久地攀登下去，这希望也就显露出更多的矛盾。这个攀登的人一般是深受感动的，但却忘记了留在他身后的很少有值得自满的东西，并且忘记了什么样的灾难正隐藏在前面。

这样，大多数被称作正常的人的一生就过去了，从精神上说，他们停留在同一个地方。

然而这里还有一个地洞，那些走进去的人都渴望自己挖掘坑道，以便深入到地下。而且，还有一些人的渴望是去探索许多世纪以来前人所挖掘的坑道。年复一年，这些人越来越深入地下，走到那些埋藏金属和矿物的地方。他们使自己熟悉那地下的世界，在迷宫般的坑道中探索道路，指导、了解或是参与到达地下深处的工作，并乐此不疲，甚至忘记了岁月是怎样逝去的。

这就是他们的一生，他们从事向思想深处发掘的劳动和探索，忘记了世俗的各种事件。他们为他们所选择的安静的职业而忙碌，经受着岁月带来的损失和忧伤，和岁月悄悄带走的欢愉。当死神临近时，他们会像阿基米德在临死前那样提出请求："不要弄乱我画的圆圈。"

※智慧隽语※

他们从事向思想深处发掘的劳动和探索，忘记了俗世的各种事件。

# 门 的 含 意

◇ （美国）克·莫利

开门和关门是人生中含意最深的动作。在一扇扇门内，隐藏着什么样的奥秘！

没有人知道，当他打开一扇门时，有什么在等待着他，即使那是他最熟悉的屋子。时钟滴答响着，天已傍晚，炉火正旺，那儿可能隐藏着令人惊讶的事情。修水管的工人也许已经过来（就在你外出之时）把漏水的龙头修好了。也许是女厨的忧郁症突然发作，向你要求得到生活保障。聪明的人总是怀着谦逊和容忍的精神打开他的前门。

我们之中，有谁不曾坐在接待室里，注视着一扇门的谜一般意味深长的镶板？或许你在等待申请一份工作，或许你有一些渴望达成的"交易"。你望着那机要速记员轻快地走出走进，漠然地转动着那与你的命运休戚相关的门。然后那年轻的女郎说：“克兰伯利先生现在要见你。”当你抓住门的把手，你就会闪过这样的念头："当我打开这扇门时，会发生什么事情呢？"

有各种各样的门。有旅馆、商店和公共建筑的转门。它们是活泼喧闹的现代生活方式的象征。难道你能想像弥尔顿或潘恩急匆匆地穿过一扇转门么？还有古怪的吱吱作响的小门，它们依然在变相的酒吧间外面晃动，只有从肩膀到膝盖那样高。更有活板门、滑门、双层门、后台门、监狱门、玻璃门。然而一扇门的象征和奥秘存在于它那隐秘的性质。玻璃门根本不是门，而是一扇窗户。门的意义就是对隐藏在它内部的事物加以掩盖，给心灵造成悬念。

开门的方式也是多种多样的，当侍者端给你晚餐的托盘，他欢快地用肘部推开厨房的门。当你面对倒霉的书商或者小贩时，你把门打开了，但又带着猜疑和犹豫退回门内。彬彬有礼、小心翼翼的仆役向后退着，敞开了属于大人物的壁垒般的橡木门。富于同情心然而深深沉默的牙医的女助手，打开通往手术室的门，不说一句话，只是暗示你：医生已为你做好了准备。一大清早，一扇门猛然打开，护士走了进来——"是个男孩！"

门是隐秘、回避的象征，是心灵躲进极乐的静谧或悲伤的秘密搏斗的象征。没有门的屋子不是屋子，而是走廊。无论一个人在哪儿，只要他在一扇关着的门的后面，他就能使自己不

受拘束。在关着的门内，脑力工作最为有成效。人不是在一起牧放的马群，甚至连狗也知道门的意义和痛楚。你可曾注意过一只小狗依恋在一扇关闭的门边？这是人生的一个象征。

**※智慧隽语※**

门是隐秘、回避的象征，是心灵躲进极乐的静谧或悲伤的秘密搏斗的象征。

# 注定的局限

◎ （法国）霍尔巴赫

不难理解，人的任何行为举止都是不自由的；不难理解，根据神学家们的概念，人的自由意志只是一种纯粹的幻想。难道选择这些或那些人作为父母由人决定吗？难道人接受或不接受自己的父母或教育者的信念由他决定吗？如果我的父母是偶像崇拜者或回教徒，难道做一个基督教徒由我决定吗？但是神学家们硬要我们相信，上帝会残酷无情地惩罚所有它没有用自己的神恩进行教育，从而不可能接受基督教的人！

人出生于什么环境是不由他选择的，也没有谁问过人，他是否愿意到人间来。大自然没有就选择祖国和父母向他征求过意见，他所获得的（正确的或错误的）信念、表象和意见只是他所受教育的必然结果，而受何种教育则不由他选择。他的情欲和欲望是他的性格的必然结果，而人的性格则是由人的本性

和他所接受的信念决定的。人一生的欲望和行为都是人不能自由选择的那些交往、习惯、职业、娱乐、言谈、思想所预先决定的，换言之，人一生的欲望和行为都是由他的意志不能自由改变的无数事件和偶然性预先决定的。人没有能力对将来未卜先知，他既不知道在某个特定的时刻自己有什么欲望，也不知道下一分钟自己会做什么。人从生到死，没有哪一个瞬间是自由的。

你们会说，人有欲望的感觉，他能思考，进行选择，作出决定。你们又因此得出结论说：人是自由的。的确，人有欲望的感觉，但他不能成为自己的欲望或意志的主人。他不能希望或追求他认为不利于自己的东西，他不能爱受苦而恨享福。我们听说，人有时会宁愿放弃快乐而追求痛苦。但是在这种场合人之所以宁愿要暂时的痛苦是因为他想借此获得更牢固更长久的快乐。由此可见，追求更多的幸福必然使他放弃较少的幸福。

然而恋爱的男子会使自己心爱的女郎具有使他心醉神迷的种种特征。就是说，他不能自由地爱或不爱自己情欲的对象。他既不能控制自己的想像，也不能控制自己的性格。由此显然应当得出结论说：人不能支配他内心所产生（完全不以人为转移）的各种欲望和意向。但是，你们会说，人可以克服自己的欲望，因此他是自由的。当使人厌恶某种对象的原因压倒使他追求这个对象的原因时，人就能克服自己的欲望，在这种场合下他必然要克服自己的欲望。害怕丧失名誉或惩罚的痛苦胜过爱金钱的人，必然会同夺取他人金钱的欲望进行斗争。

※智慧隽语※

　　人之所以宁愿要暂时的痛苦是因为他想借此获得更牢固更长久的快乐。

# 生 之 痛

◇ （法国）加缪

人拒绝现实世界，但又不愿意脱离它。事实上，人们依恋这个世界，他们中的绝大多数都不愿意离开这个世界。他们远非要忘记这个世界，相反，他们为不能足够地拥有这个世界而痛苦。这些奇怪的世界公民，他们流亡在自己的祖国。除了在瞬间即逝的圆满时刻中，整个现实对他们来说都是不完善的。他们的行为躲开他们进入其他行为中。以意外的面孔来审视他们，并且像坦塔罗斯的水一样向着尚不为人知的河口流去。察看河口，控制河流，最后将生活作为命运来把握，这就是他们对他们祖国最深切的真实的怀念。但是，这种看法，至少在认识方面最终将他们同自己调和起来，只能在死亡的短暂时刻才出现，如果它会出现的话。一切都在此告终。为了在世界上存在一次，就必须永远不再存在。

那么多的人对其他人的羡慕就由此产生。由于发现了这些外部的存在,人们便赋予他们以一种他们实际上不可能有的,而对旁观者来说显而易见的和谐与统一。旁观者只看到这些生命的脊线,而没有意识到损害着他们的细部。我们于是在这些存在之上从事艺术。在这个意义上,每个人都努力将自己的生命变成艺术作品。我们希望爱情永存,但我们知道爱情无法永存。如果爱情奇迹般地永存于人的整个一生,那它也是不完善的。也许,我们在这难以满足的对持续的需要中可以更好地理解人世的痛苦,如果我们知道这种痛苦是永恒的话。有时,伟大的灵魂似乎由于不能长存而惊恐,这比痛苦引起的惊恐更有过之而无不及。由于缺少永不厌倦的幸福,一种长期的痛苦至少会造成一种命运。不,我们所受的最残酷的折磨总有一天会结束。一天早晨,在经历了如此多的绝望之后,一种不可压抑的求生的渴望将宣告一切已结束,痛苦并不比幸福具有更多的意义。

占有欲只是要求持续的另外一种形式。正是它造成爱情的无力的狂热。任何人,哪怕是最被爱着的人和最爱我们的人,也不能永远占有我们。在这严酷的大地上,情人们有时各死一方,生又总是分开的,在生命的全部时间里完全地占有一个人和绝对地沟通的要求是不可能实现的。占有欲是如此难以满足,以致这种欲望能够比爱情本身持续更久。那么爱,就是使被爱者枯萎。情人从此成为孤独者,他的可耻的痛苦与其说是

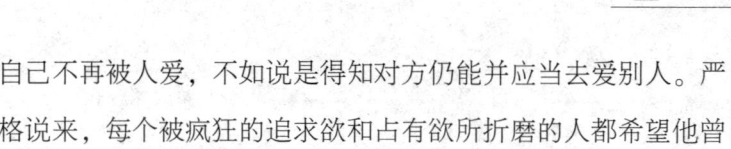

自己不再被人爱,不如说是得知对方仍能并应当去爱别人。严格说来,每个被疯狂的追求欲和占有欲所折磨的人都希望他曾经爱过的人枯萎或死亡。这就是真正的反叛。

※智慧隽语※

旁观者只看到这些生命的脊线,而没有意识到损害着他们的细部。

# 生命之战

◎ （美国）亨利·梭罗

我们的整个生命是惊人地精神性的。善恶之间，从无一瞬休战。善是唯一的授予，永不失败。在全世界为之振奋的竖琴音乐中，善的主题给我们以欣喜。这竖琴好比宇宙保险公司的旅行推销员，宣传它的条例，我们的小小善行则是我们付的保险费。虽然年轻人最后总要冷淡下去，宇宙的规律却是不会冷淡的，而是永远与敏感的人站在一起。到西风中听一听谴责之辞吧，一定有的，听不到的人是不幸的。我们每弹拨一根弦，每移动一个音栓的时候，可爱的寓意渗透我们的心灵。许多讨厌的声音，传得很远，听来却像音乐，对于我们卑贱的生活，这真是一个傲然的可爱的讽刺。

我们知道在我们身体里面，有一只野兽，当我们的更高的天性沉沉欲睡时，它就醒过来了。这是官能的，像一条毒蛇一样，也许难于整个驱除掉；也像一些虫子，甚至在我们生活着并且活得很健康的时候，它们寄生在我们的体内。我们也许能躲开它，却永远改变不了它的天性。恐怕它自身也有一定的健壮。我们可以很健康，却永远不能是纯净的。有一天我捡到了一块野猪的下腭骨，有雪白的完整的牙齿，它带有一种动物性的健康和精力。这是用节欲和纯洁以外的方法得到的。"人之所以异于禽兽者几希，"孟子说，"庶民去之，君子存之。"如果我们谨守着纯洁，谁知道将会得到什么样的生命？如果我知道有这样一个聪明人，他能教给我洁身自好的方法，我一定要去找他。"能够控制情欲和身体的外在官能，并做好事的话，照吠陀经典的说法，是从心灵上接近神的不可缺少的条件。"然而精神能够在一时之间渗透并控制身体上的每一个官能和每一个部分，而把外表上最粗俗的淫荡转化为内心的纯洁与虔诚。放纵生殖的精力将使我们荒淫而不洁；克制它则使我们精力洋溢而得到鼓舞。贞洁是人类的花朵，创造力、英雄主义、神圣等等只不过是它的各种果实。当纯洁的海峡畅通，人就会立刻奔流到上帝那里。我们一会儿为纯洁所鼓舞，一会儿因不洁而沮丧。自知身体之内的兽性在一天天地消失，而神性在一天天成长的人是有福的，当人和劣等的兽性结合时，就只有羞辱。我担心我们只是农牧之神和森林之神那样的神或半神与兽结合所产生的妖怪，饕餮好色的动物。我担心，在一定程度上，我们的一生就是我们的耻辱。

**※智慧隽语※**

到西风中听一听谴责之辞吧,一定有的,听不到的人是不幸的。

# 无常的存在

◎ （印度）室利·阿罗宾诺

心灵体现着存在于人身上的最高的力，但这是一种求知中的、迷茫的、本身在不停地挣扎着的力。即使心灵极其明亮之时，它也不过是一线微光的折射罢了。闪耀着圣光的、自由的超心智将是超人的精神，他自在的知识之轮的无限运转、他自发的力量源泉、他永恒的喜悦将使俗世的生命达到和谐的境地。

人不过是虚无而已，但人充满了欲望，他是着迷于高度的侏儒，卑微地要达到那高不可攀的富丽与堂皇。他的心灵在宇宙神灵的万般光彩中是一束黑色的光线。他的生命是奋斗、兴奋和苦难，他受激情摆弄，被悲伤折磨，盲人或哑巴似的渴求着宇宙神灵的提醒。他的身体是物质世界中劳作着的、易逝的尘埃。他不可能是那神秘的大自然造化的终点。

　　超越于人的某种生灵存在着,那将是人类的未来。否认其可能性,否认其存在的偏见像大墙一样挡在面前,我们只能通过大墙上的裂口对此依稀而见。不朽的灵魂存在于人身上的某个地方,显示出一些存在的火花。某种永恒的精灵从上面遮庇着人,同时保持着人的天性中灵魂的延续性。然而这个更伟大的精灵由于他自塑人格的硬壳的限制而不可降临,这样,内在的明亮的灵魂被包裹压抑于厚厚的外表之中。总的来说,有一些灵魂很少运动,大多数灵魂更是无形的。人的灵魂和精灵,看来与其说是人们永恒或看得见的真实的一部分,不如说它们存在于人的天性的背后或上方;与其说它们诞生于肉体,不如说它们处于生的过程;与其说它们是现实的存在物,不如说它们代表了人类意识的可能性。

　　人的伟大不在于他是什么,而在于他能做什么。他的荣耀在于他是一个封闭的地方和神秘的劳作车间,在这里,神圣的机构正在培育着超人。同时,人也被赋予了一种比其自身更伟大的属性:非低级的创造,正是这种属性使得人本身部分地成为制造这种变更的匠人。要使降临于人的肉体之中的荣耀代替人本身,需要人对这一过程的参与,需要人在意识中有认可和献身的意志,人在世间的渴望正体现了大地对超智慧的创造者的呼唤。

 无常的存在

如果人人都在呼唤并且得到了至高无上的回答,那么无量而辉煌的变更时代将在眼前了。

※智慧隽语※

他的荣耀在于他是一个封闭的地方和神秘的劳作车间,在这里,神圣的机构正在培育着超人。

# 存在与虚无

◙ （美国）理查德·泰勒

人害怕虚无，担心它的到来。但虚无与其他威胁不同，它不可阻挡，也不可逃避，人对它无可奈何，即使人有天大的本事，也无济于事。没有什么东西能使它停滞片刻，没有什么东西能够这样做。虚无的逼近，犹如季节的变换，确凿无疑，而且实际上比这更为确凿。不仅如此，虚无是无边无际的，这就使它更为可怕，因为事实上不管从哪方面说，虚无都是无止境的。它不容纳任何相对的事物。当它随着每一次脉搏的消失而临近时，它就像一个巨大而冷酷的深渊一样敞开。它在人们心目中具有绝对的性质，而相比之下，即便天体和地球的存在，也似乎是微不足道和易逝的。几百万年过去了，新的峡谷由于岩石蚀穿而形成，新的恒星诞生后又消失了，但那终将把我们吞噬的虚无，其威力却未曾减弱分毫。如果人们想像辽阔而空旷的原野上的一粒沙子，这仍然没有对无限的非存在与存在之间的关系作出恰当的比喻。人们认为，若能将这两者加以对换，使存在像虚无一样无限，使无所不包的虚无减缩到人的存在的短暂限度，这就会令人称心如意了。有时，人们对此所抱的希望如此强烈，以至仅凭神学家的宣言就相信这种对换已成现实。

然而，上述这种想法，这种绝对的确定性和冷酷的必然性，纯粹是人的想像力的产物，毫无真实性可言。在一些神学家的劝诱下，我们希望我们的存在，那灵魂或自我，会比表面看来更持久些，其实，那存在本身早已成为神学家们千方百计想摆脱的虚无的一部分。这就使我们处于一个奇怪而矛盾的境地：我们所深切关心的存在，似乎面临着灭亡危险的存在，我们用一切办法甚至承认是荒唐的办法所力图抓住不放的存在，竟然在一开始就不是真实的。我们凭着希望、信仰，并且依靠形而上学，努力使一团火焰不灭，然而它竟从未放射过一丝光芒。由于被一种幻想所迷惑，我们看不到这样一点：那冷酷无情、无边无际的东西，即我们的现状，我们由之而来和必定归属的东西，并不是虚无，而是其反面，即存在。要人们把事物完全倒过来加以想像是不可能的。人们如此深陷于忧郁之中，他们心中如此恐惧和厌烦，他们徒劳无益地企图通过扩大财富和扩大对他人的支配权来巩固自己的存在，这都是不足为奇的。但这一切都是不必要的。那种人人都害怕其消失的东西一开始就不存在，所以，我们无需害怕失去它。

※智慧隽语※

随着每一次脉搏的消失而临近，它就像一个巨大而冷酷的深渊一样敞开。

# 安 宁

◇ （英国）劳伦斯

宇宙有一个大的扩张和收缩，没有原因，也没有目标或目的。它始终在那儿运行，就像一颗心脏在不停地跳动。它到底是什么——这是永远说不清的。我们只知道结果是人间的天堂，就像那盛开的野玫瑰。

我们就像流淌的血，像一把从虚无飞向永恒，再从永恒飞回虚无的梭子。我们是永恒的扩张——收缩的主体。我们在完美的冲动中飞翔，并且获得安宁。我们抵抗，我们又尝到了先前早已知道的无价值的痛苦。

谁能够预先选择世界呢？所有的法则、所有的知识都适用于那些业已存在于世界上的事物。但是对未知的世界却没有一条法则、一丁点知识。我们不能预先知道，不能预先宣布。只有当我们安睡在未知的生命之流中，当我们获得了创造的方向,像一只梭子一样在织机上来回穿梭时,我们才能达到理解和默认的完美状态。我们在不知不觉中被纺织成今天这个模式,当然,这并不是说我们没有同现实达成完美的默契。

　　从未知的冲动中分离出来的是什么?通过这个孤立的自我意志我们又能获得什么?谁能够通过意志找到通向未知的道路? 我们被驱赶着,微妙而优美地被生活驱赶着,最罕见的激励就是我们的安宁和幸福。我们在冲动上安睡,在陌生的涨潮中消逝。现在,潮汐已经上涨到从未有过的高度,我们被送到上升的尽头。当我们在精神的完美冲动中安睡时,这就是安宁。甚至当我们受到毁灭的夹道鞭打时,那也是安宁。我们现在仍然在纯粹的冲动中安睡。

　　当我们变得非常安宁时,当内心有一种死寂的沉默时,我们就好像在坟墓中听到了一种新方向的耳语:理智到来了。在我们原先所有的安宁被毁灭之后,在原先的生活被毁灭而感到痛苦和死亡之后,我们的内心就暗示了一种新生活的满足。

　　这就是安宁,像一条河一样。安宁就像一条河,滚滚流向创造,流向一个不可知的尽头。对这个尽头,我们充满了信任的狂喜。我们的意志就像方向盘,引导着我们,并使我们忠实地顺从这个潮流。当我们陷入一个错误的潮流中时,我们的意志就成了依赖于方向盘的力量。我们凭借调节好的理性驾驭自己,我们的意志就是在这方面为我们服务的力量。我们的意志决不会因为我们按照纯理性去调整方向盘而感到厌倦。我们的

安 宁

意志十分敏捷，随时准备开船绕过任何障碍，克服任何障碍。我们敏锐的理性在那儿调节方向，我们的意志陪伴我们走完全程。

※智慧隽语※

现在，潮汐已经上涨到从未有过的高度，我们被送到上升的尽头。

# 灵魂的归宿

◨ （德国）齐美尔

如果人真正达到了他的最高要求，根据他的理想，成为了他想成为的人。或者按照宗教说法，他遵从上帝的要求和允诺修成了真果，那么我们就会感到，他只不过是把他内在深处已经固有的东西充分加以发挥，或者将它在外界付诸实施。只不过这种实施较为少见，且没有经验，它恰恰吸收了这一新的形式。根据这种观点——这种主张的声音尚不强烈，仅仅是此起彼伏，并未直接跟其他观点唱对台戏——灵魂的完善就不是什么新鲜玩意儿，并不意味着成熟的果子就是类似于单纯种子的新东西。

正如天使们让浮士德的灵魂完善不朽时将他当作蝴蝶的蛹来迎接一样，她们唱道："此公如蛹，尚在茧中，竭诚欢迎，作为良朋。石棉裹体，为他解脱，至善至美，天佑永生。"言外之意是：最内在的东西只需剥去它的外壳和约束就行。灵魂的拯救

不必从外部对灵魂进行什么加工或改造,只需从根本上脱去它的外壳,使它成为它本来就是的东西。圣婴的故事也无非意味着,它的完善是遗传继承的,那么我们不必通过努力去获取这种完善,只需好好反省一下将自己内在的潜质挖出来就行。如果不是这样的话,那么圣婴的故事又能意味什么呢?

在日常生活之中,尤其是在习俗之中,我们要创造的东西已经够多了,有足够的新形式和新内容等待我们去造就。如果我们要问问这一切行为的意义,要寻求灵魂深处改造的真谛,那么我认为,只要这一切是美好的、神圣的,我们只需让那早就存在着的本质核心亮相就行,使自己在光明和清醒之中看清自己,而在此之前,罪孽和纷乱蒙蔽了我们的眼睛,使我们在混沌的阴影中看不清自己的轮廓。我们首先要去除笼罩在灵魂上空的一切外在因素及其力量,灵魂摆脱了这一切,灵魂就得到了拯救。"谁正在丢失灵魂,谁就会赢得灵魂!"灵魂正是通过这一途径找到了自己。同样,通过这一途径可以摆脱一切利己主义,因为利己主义只是灵魂与周围环境的关系,灵魂期待着某种幸运和保障,以便能够充分利用环境。各种利己主义是灵魂和外在的一种混合,是灵魂自己丢失自己的弯路。

※智慧隽语※

罪孽和纷乱蒙蔽了我们的眼睛,使我们在混沌的阴影中看不清自己的轮廓。

# 新 生 命

◎ （俄国）列夫·托尔斯泰

如果我要寻找理智的生命概念，那么我只能满足于明确的、明显的东西，而不想让神秘的、任意的占卜、猜测等东西来破坏这种明确性和明显性。我知道，我凭之生活的所有东西都是在我之前生活过的、在已经死去的很多人的生命中形成的。我知道所有遵从理智规律的人，所有使自己的动物性躯体服从理智并表现出爱的力量的人，都是在肉体消失后仍然活在别的人身上的。对我来说知道这一切也就够了，这样一来，那些荒谬的可怕的对死亡的迷信就再也不能折磨我了。

在那些死后仍保持力量，仍在继续产生作用的人身上，我们可以观察到，为什么这些人使自己的个性服从理智之后，将全部生命献给爱之后，从来不可能怀疑，而且的确从未怀疑过生命不可能毁灭。

新 生 命

在这些人的生命中，我们能找到他们相信生命永恒的信仰基础。然后，当我们深入体会自己的生命之后，我们也能在自身中找到这个基础。基督说，他在生命的幻影消失之后仍将活着。他说这话是因为他在自己的肉体生存时就已经步入了真正的生命，而这生命是不能终止的。他在肉体存在的时候已经生活在从另一个生命中心射来的光线之中了，他已向那个中心走去，并且在自己生前就已看见这种光线在照亮他周围的人。每一个抛弃个体的、以理性的、爱的生命生活的人看到的也正是这些。

无论人的活动圈子是多么窄小，无论是基督，是苏格拉底或者是善良的默默无闻的具有自我牺牲的老人、青年、妇女，无论哪一个人，只要他为别人的幸福抛弃了个性而活，他在此时此地也就会进入到一种与世界的新的关系中。对这种关系来说，死亡不存在，建立这种关系是所有人一生的事业。将自己的生命看作是对理智规律的服从的人，将自己的生命看成是爱的表现的人，从这个生命中，一方面可以看到那个新的生命中心射来的光线，他正走向这个中心。另一方面他会看到这种他用生命引来的光，正对周围的人发生着作用，而这必然使他产生无疑的信仰：生命不会削弱，不会死亡，只会永恒地加强。对永生的信仰不可能从随便什么人那里得到，人不可能说服自己相信永生。为了具有永生的信仰，就应当让永生存在。而为了让永生存在，就应当理解自己的生命存在于不可能死的那个东西里。因此，只有做了自己生命事业的人，只有在这个生命中建立了他身上容纳不了的与世界的新关系的人才能相信未来的生命。

**※智慧隽语※**

他已在向那个中心走去，并且在自己生前就已看见这种光线在照亮他周围的人。

# 天道自然

◎ (德国) 歌德

　　她以肉眼看不见的演出自娱，对于我们，她的演出是极为重要的。

　　她使每个儿童都来研究她，每个傻瓜都来判断她，可是成千上万的人从她身边走过，却什么也没有发现。而她却从所有这些人身上得到乐趣，发现她的益处。

　　人即使是在抗拒她的规律的时候，也是在服从她的规律，既反对她，又离不开她。

　　她的每一种赐予都是好的，因为首先她赐予的都是人不可或缺的。她姗姗而来，害得我们望眼欲穿；她匆匆而去，为的是使我们不致对她感到厌倦。她没有语言也没有文字，但是她创造出了能够感受和说话的心灵和舌头。

　　她的最高荣誉是爱。我们只有通过爱才能同她接近。她使所有的事物各个有别，但所有这些事物却极力要融合到一起。她使事物互不雷同，其实正是要使它们融合成一体。她用她那爱之杯里的玉液琼浆补偿我们生活中的不胜烦恼。

她就是一切。她酬赏自己又惩罚自己。她从自己身上得到喜悦，但又感到苦恼。她既粗鲁又温柔，既仁爱又凶恶，既软弱又力大无穷。每个事物都永远是她的化身。她不知道什么叫过去或将来，她的永恒是现在，她仁慈为怀。我赞美她的一切创造，她又聪慧又寡言，任何人都不能强迫她来解释她自己，或者恫吓她要她献出她不愿献出的礼物。她诡计多端，但都是出于善意，所以我们最好不要在意她的狡猾。

她本身就完满无缺，可是她还在追求那永无止境的完满。她现在是这样，而且永远都是这样。

人人看来，她都是借他们个人的形式显露她自己的。她让她自己隐藏到无数名字和称号之中，但她的本色却永远不变。

她将我置于这个世界，又要把我领出这个世界。我把自己寄托给她，她可以凭她的意愿对待我，她不会厌恶她自己的作品。我并没有讲她什么。没有！什么是真，什么是假，都由她自己讲。每一件事物都是她的过失，也都是她的功劳。

※智慧隽语※

她将自己隐藏在千百种名字和称号之中，但她的本色却永远不变。

# 生命概念

◎ （法国）史怀泽

敬畏生命，生命的休戚与共是世界上的大事。自然不懂得敬畏生命。它以最有意义的方式产生着无数生命，又以毫无意义的方式毁灭着它们。包括人类在内的一切生命等级，都对生命有着可怕的无知。他们只有生命意志，但不能体验发生在其他生命中的一切。他们痛苦，但不能共同痛苦。自然抚育的生命意志陷于难以理解的自我分裂之中。生命以其他生命为代价才得以生存下去。自然让生命去干最可怕的残忍事情，自然通过本能引导昆虫，让它们用毒刺在其他昆虫身上扎洞，然后产卵于其中。那些由卵发育而成的昆虫靠毛虫过活，这些毛虫则应被折磨至死。为了杀死可怜的小生命，自然引导蚂蚁成群结队地去攻击它们。看一看蜘蛛吧！自然教给它的手艺是多么残酷。从外部看，自然是美好而壮丽的，但认识它则是可怕的。

它的残忍毫无意义！最宝贵的生命成为最低级生命的牺牲品。例如，一个儿童感染了结核病菌。接着，这种最低级生物就在儿童的最高贵机体内繁殖起来，结果导致这个儿童的痛苦和夭亡。在非洲，每当我检验昏睡病人的血液时，我总是感到吃惊。为什么这些人的脸痛苦得变了形并不断呻吟："我的头，我的头！"为什么他们必须彻夜哭泣并痛苦地死去？ 这是因为，在显微镜下人们可以看见10~40‰毫米的白色细菌。即使它们数量很少，以至于为了找到一个，我有时得花上几个小时。

由于生命意志神秘的自我分裂，生命就这样相互争斗，给其他生命带来痛苦或死亡。这一切尽管无罪，却是有过的。自然教导的是这种残忍的利己主义。当然，自然也教导生物，在它需要时给自己的后代以爱和帮助。只有在这短暂的时间内，残忍的利己主义才得以中断。但是，更令人惊讶的是，动物能与自己的后代共同感受，能以直至死亡的自我牺牲精神爱它的后代，但拒绝与非其属类的生命休戚与共。受制于盲目的利己主义的世界，就像一条漆黑的峡谷，光明仅仅停留在山峰之上。所有的生命都必然生存于黑暗之中，只有一种生命能摆脱黑暗，看到光明。这种生命是最高的生命，人。只有人能够认识到敬畏生命，能够认识到休戚与共，能够摆脱其他生物苦陷于其中的无知。

这一认识是存在发展中的大事。真理和善由此显现于世，光明驱散了黑暗，人们获得了最深刻的生命概念。共同体验的生命,由此在其存在中感受到整个世界的波浪冲击,达到自我意识,结束了作为个别的存在,使我们之外的生存涌入我们的生存。

※智慧隽语※

只有人能够认识到敬畏生命,能够认识到休戚与共,能够摆脱其余生物苦陷于其中的无知。